# 원전 미래전략

## 빠른 추격자인가, 리더인가?

정재천 지음

도서출판 GS인터비전

# 추 천 사

대한민국 원자력산업이 선진국 기술을 따라가는 '추격자'에서 '리더'의 자리로 올라서기 위해서는 어떠한 전략을 가져야 하는가? 이를 위해 저자는 원자력계의 다양한 사람들을 인터뷰하고 그 답을 구했다. 책의 여기저기에서 저자가 고민한 흔적이 역력하다. 저자가 찾아낸 결과를 한마디로 요약하면 원자력계의 리더가 되기 위해서는 기술적 우월성뿐만 아니라 수출대상국의 문화와 정서까지 고려한 새로운 가치를 스스로 만들어내야 한다는 것이다.

국가의 경쟁력을 높이기 위한 전 방위적 노력이 가중되고 있는 가운데 발표되는 이 책의 발간 시점도 적절하다. 책의 제목에서 알 수 있듯이, 삼십년의 세월을 원자력계에서 종사한 저자의 관심분야는 단연 원자력발전기술의 미래다. 따라서 본 저서를 자세히 읽어보면 우리나라가 세계를 선도하기 위한 전략적 근간으로 삼아도 손색이 없겠다는 생각이 된다.

원자력기술에 대해 이해도가 높지 않은 비전공자도 부담 없이 읽을 수 있도록 한 점도 돋보인다. 기술적 설명을 최대한 줄이고, 원자력기술을 이용하여 발전을 담당하고 있는 사람들의 사고와 행동양식을 관찰하여 발표한 저자의 접근방법도 새롭다. 또한 지인들과의 인터뷰를 통해 설문 조사항목을 선정하고 이를 설문지로 만들어 다양한 계층의 원자력계 종사자들의 공통된 의견을 수렴함으로써 객관적 관점을 유지하려는 노력도 격려할 만 하다.

산업화 과정에서 우리는, 사람과 기술의 공존을 생각할 틈이 없었다. 그렇기에 '리더'가 되려고 하는 이 시점에서 우리에게 필요한 것은 리더가 되기 위한 방법을 익히는 것 보다 리더가 갖추어야할 삶의 태도를 아는 것이 더욱 중요하다. 이러한 점을 책의 곳곳에서 쉬운 글로 부각한 점이 본 저술이 갖는 가장 큰 가치가 아닐까 한다.

작년에 새롭게 개교한 한전 국제원자력대학원대학교의 미션은 '세계 원자력기술을 선도하는 실무형 리더의 육성'이다. 따라서 우리 학교에서 실무형 전문리더를 육성하고 있는 저자가, 리더의 길에 대한 자신의 생각을 정리하고 기록한, 이와 같은 저술을 대할 수 있는 것에 기쁨을 느낀다. 이 책이 지속적으로 개선 보완되어, 우리나라 원자력기술의 선도자적 역할에 대한 하나의 지표를 제공할 수 있기를 기대하면서 이 책을 여러분께 추천한다.

한전 국제원자력대학원대학교 총장 박군철

# 서문

## 1. 밤바다에서 힌트를 얻다.

달빛에 비친 밤바다를 본 적이 있는가?
가득 차오른 보름달이 바다를 향해 투영되는 그 빛의 실루엣을 본 적이 있는가?

언덕에서 내려다보는 밤바다에서 나는, 모니터에 비춰진 태아의 초음파 사진을 본다.
화면 가득 물결치는 하얀 선들 사이로 희미하게 드러나는 음영의 움직임.
그건 이 세상에 존재를 알리는 태아의 첫 몸놀림이다.
희미해서 쉽게 판독되지 않는 반사광 속에서 살아있는 그 무엇을 느끼는 것은 가슴 차오르는 색다른 경험이다.

그래서 나는 이 밤에도 창을 열고 밤바다를 본다.

조류에 밀려 바다의 디테일이 조금씩 바뀌어 간다.
그 속에서 음영 부분도 서서히 움직인다.
기지개를 켜는 것도 같고, 하품을 하는 것도 같다.

황색 발광등이 달린 부표가 물결을 따라 오뚝이처럼 까딱거린다.
그 움직임은 너무 가볍지도 장중하지도 않다.

부표에서 내는 인공의 불빛으로 채색된 음영부분이 점점 도드라진다.
내 눈에 초음파의 영상이 점점 더 선명해 진다.
아! 이제는 이 아이의 모습을 화면에서 그려낼 것 같다.

## 2. 일상에서 답을 구하다.

우리나라 원전의 미래전략을 탐구하는 일은 달빛이 반사되는 바다에서 희미한 음영부분의 실체를 찾아내는 것과 같다.
내가 아무리 수십 장의 초음파 사진을 들여다봐도 그 속에서 태아의 손가락을 판독해 내는 것이 불가능한 것처럼, 전문적인 훈련을 받지 않은 채 원전의 미래전략을 구하겠다고 나선 것 자체가 어리석은 일이었다.
그러나 인생의 정점을 지나 하강곡선으로 완만히 들어서는 이때에, 그래도 해볼 만한 과제라고 스스로를 다잡으면서 다시 파이팅을 한다.

사람들은 한 사람의 천재가 다수를 먹여 살릴 수 있다고 말한다. 그러나 전등 한 촉을 비추는 일 조차도 누군가 보통사람의 불면을 요구한다.
밤새 윙윙거리며 돌아가는 발전기 소리와 이를 지켜보는 운전원들의 노력이 없다면 우리는 어둠속에서 밤을 지내야 한다.
그렇기에 나는 정서가 통하고 소통이 되는 예측 가능한 보통사람을 찾곤 한다. 그리고 나와 같은 사람들이 많음을 다행으로 여긴다.

예측 가능한 보통인을 위한 찬가는 비록 없어도 나는 이제 축배를 들어야 한다.
위대하고도 평범한 삶들을 위해.

그래서 나는 보통사람들에게서 우리나라 원전의 미래전략을 찾아보기로 했다.
1950년대에 시작된 원자력이라는 새로운 빛이 생명으로 화해 장년의 모습으로 다가올 동안 그 속에서 나 같은 사람들은 어떠한 생각과 삶을 살았는지를.
그들이 살아내는 일상이 어떠한 큰 힘을 내고 있으며 앞으로 어떤 힘을 원자력 발전산업에 전해 줄 것인가를.

이것을 미리 알고 싶은 것이다.

**2013년 새봄에 간절곶이 가까운 곳에서 금당 정재천 쓰다.**

# 차 례

제1장

# 우리의 저력은 어디에서 나온 것인가?

# 1. 이 시간 대한민국을 돌리는 그대는 누구인가?

## ▪ 신고리 건설현장에서 만난 사람들

학교가 신고리 3,4호기 건설현장과 접하고 있는 관계로 아침 6시 좀 넘어 건설소 정문을 지나는 경우가 종종 있다. 내가 주섬주섬 운동복을 갖춰 입고 반쯤 떠진 눈으로 길을 따라 산책을 나가다 보면 현장으로 출근하는 많은 근로자와 한수원 직원들을 만난다. 각자 차에서 내려 작업화와 안전장구를 챙겨 도보로 건설소 정문을 통과하는 그 들의 얼굴에선 빛이 난다. 결코 내 몸 하나 내 가족 몇 사람 건사하자고 다니는 일터가 아니다. 자신을 갈고 닦는 수련처로서 직장을 이뤄가는 거룩함조차 느껴진다.

짧게는 몇 주에서 길게는 몇 달씩 집을 떠나 타지 생활에 힘들고 지쳐있을 법도 하건만 그 들의 얼굴에서 뿜어져 나오는 그 빛은 무엇일까. 자부심이요 긍지라고 하기에도 모자라는 너무도 고귀한 정신이 아니던가.

서생역 입구를 거쳐 학교로 다시 돌아오는 산책길. 오늘도 아침 정각 7시에 건설 현장에서는 국민체조가 시작된다. 힘찬 구령과 함께 체조 음악에 맞춰 맨손체조를 하는 그 들이야 말로 우리의 희망이요 힘이다. 그런데 한 가지 문제가 있다. 체조대열에 보이는 이들의 대부분은 아저씨들이다. 몇 줄에 한 명 정도의 젊은이가 띄엄띄엄 보일 뿐이다. 힘든 일을 참지 못하는 젊은이들은 대도시의 세련된 직장을 찾아 떠난 것일까.

바닷가 낙후된 지역인 '고리'에서 한여름 뙤약볕에 땀방울을 쏟을 용감한 젊은이 어디 없습니까?

## ▪ 한전본사 건물에서 만난 사람들

올 여름 학교 설립기록지를 작성하느라 한전과 한수원 본사가 있는 서울 삼성동 사옥에 여러 차례 다녀왔다. 8월 땡볕이 무역센터 앞 큰 도로를 사정없이 덥히고 길가에는 행인이 거의 없다. 코엑스몰에는 더위를 피해 쇼핑하는 사람들로 북적인다. 나는 지하철역 통로를 나와 한전 건물로 들어선다. 바깥으로 향하는 통로의 문은 모두 활짝 열려있고 조명은 반쯤만 켜져 있어 건물 안은 침침하다. 건물 속은 땡볕만 가려졌을 뿐 바깥 온도 그대로다. 전기를 만드는 회사에서 전기를 아끼기 위해 자연 통풍으로 삼복더위를 나고 있다. 1980년대 입주 당시에는 최신식 건물이었고, 지금도 우수한 설계 덕분에 건물의 미적 가치는 떨어질 줄 모르지만, 건축 당시 여름철 냉방을 자연 환기에 의존한다는 설계 개념이 없었던 것은 당연한 일. 그야말로 콧구멍만 한 통풍구가 각 층 유리창 아래에 나 있을 뿐 외부 공기의 유입은 엄두도 못내는 형편이다. 그러니 이 건물에서 여름을 나는 것은 그야말로 엄청난 내공이 필요한 수련 과정이다.

전기를 생산하고 판매하는 회사가 스스로 모범을 보이는 극한에 가까운 이 일은 안타깝게도 언론의 주목을 거의 받지 못한다. 아파트 자체 전기시설이 고장 나도 한전에 대한 질책이 가득한 뉴스는 아침부터 저녁까지 되풀이 되지만. 삼복더위에 전기를 아끼려 엘리베이터 운행을 중지하고 20층 건물을 걸어 오르는 이들에 대한 격려의 목소리는 없다. 하지만 그들이 있기에 올해도 나는 한여름을 에어컨 밑에서 시원하게 보냈다. 글을 쓰다 보니 후회가 된다. 친구들에게 수박 한 덩이라도 보내줄 것을...

주요 검색 포탈들을 탐색해 본다. 키보드로 다음의 검색어를 입력한다. '한전의 전기절약.' 그러나 4대 일간지와 지방지 모두 이타성 있는 전력그룹 직원들의 노력은 기사거리가 되지 않는다. '김중겸 사장의 막가파식 전기요금 인상 10.8 %'란 기사는 여러 일간지의 사이트에서 뜬다. 검색어를 바꿔본다. '찜통 본사 한전' 그래도 관련 기사는 걸리지 않는다. 내 검색 실력이 형편없는 모양이다. 아니면 그들은 묵묵히 일하는 사명만을 띠고 이 땅에 태어난 것인지도 모른다.

## ▪ 창밖의 신고리 1,2호기의 사람들

지금은 금요일 저녁 8시 반, 학교 창밖으로는 신고리 1,2호기와 고리 3,4호기를 밝히는 오렌지색 나트륨 등이 크리스마스 트리를 장식한 전구와 같이 반짝이고 페이징 폰에서는 발전소 안의 동료를 찾는 목소리가 흘러나온다. 누군가 밤을 준비하는 소리다. 추석 연휴에 이 발전소에 근무하는 사람들은 고향집에서도 편히 쉬지는 못했을 것 같다. 하필이면 연휴 기간에 발전소가 정지됐으니. 뉴스 시간마다 신고리 원전의 원자로 건물과 주제어실 사진이 방영된다. 모두들 발전소 때리기에 정신이 없다. 연휴기간에도 귀성을 접은 채 전기공급을 위해 밤새워 근무하는 사람들에 대한 따뜻한 시선은 찾아볼 수 없다.

장마철 구름 사이로 찬란하게 빛나던 햇살과 같이, 원자력산업에도 스포트라이트가 비친 적이 있었다. MB 정권이 들어서고 UAE 수출의 길이 열리자 드디어 원자력산업계에도 오랜 장마가 걷히는 듯했다. 여기저기서 원자력 르네상스를 얘기하기 시작했고, 원자력이 녹색 성장의 주역으로 치켜 새워졌다. 하지만 이 햇살은 너무도 짧았다. 2011년 3월 후쿠시마 원전의 사태는 이전의 먹구름 보다 더 심각한 태풍을 몰고 왔다. 이제 어느 누구도 원전의 장밋빛 미래를 이야기하지 않는다.

## 2. 나는 알린다. 고로 존재한다.

우리는 다른 사람들의 삶에 호기심이 많다. 내가 아닌 남은 어떻게 살고 있는가? 얼마전 타계한 '피터 드러커'는 다음과 같은 말을 남겼다. '사람이 언제부터 늙는 줄 아는가. 그것은 호기심이 없어질 때부터다.' 이러한 호기심 덕에 문화심리학자 김정운 교수의 '나는 아내와의 결혼을 후회한다'와 '남자의 물건'과 같은 류의 책이 불티나게 팔려간다. 들쳐보면 별것도 아닌 그렇고 그런 얘기들. 하지만 우리가 남에게 뻗치는 감각의 촉수는 지식간의 소통을 가능하게 하는 또 다른 효용이 있다. 사람들이 별 다른 호감을 갖지 않았던 과학의 세계를 재미있게 얘기해주는 정재승 교수, 다윈의 진화론을 알기 쉽게 설명해 주는 최재천 교수 등은 전공서적에서나 볼 수 있는 복잡한 지식을 교양의 수준으로 쉽게 풀어 설명해 준다. 우리시대의 IT 전도자 안철수 교수는 IT 산업의 대중화에 대들보와 같은 역할을 했다. 진짜 의사가 만든 컴퓨터 약(바이러스 백신)은 IT가 더 이상 무생물이 아닌 유기체임을 스스로 증명했고 그는 대통령 후보가 되어 대한민국을 바꾸려고 했다.

이제 우리는 자기를 알리는 것이 존재의 이유가 된 시대에 살고 있다. 물리적으로 합치고 화학적으로 반응하여 완전히 새로운 학문으로 변화하는 지식의 융합시대다. 아니 인문학과 이학과 공학이 융합하는 통섭의 시대에 우리는 있다. 자기를 잡아먹으려고 하는 포식자들의 위협을 감수하면서까지 화려한 깃털을 세워 암컷을 유인하는 인도 공작새와 같이, 우리도 존재의 이유를 알려야 하는 것이다. 알려야 하는 이유는 또 있다. 융합과 통섭의 시대에 우리를 바로 알리지 않으면 아무도 우리와 엮이려고 하지 않을 것이다. 기술과 기술, 기술과 인문, 기술과 문명과의 짝짓기가 시작된 이 시대에 나만 알려서는 홍보가 되지 않는다. 나를 파는 세일즈가 가능할 때 통섭과 융합이 되고 그래야 홍보가 된다.

무엇을 알릴 것인가? 우리에겐 알려야 할 것, 알리고픈 것이 많고 많다. 원자력에 대한 지식이 전혀 없었던 우리가 이제는 6~7년 마다 하나의 원전을 완성해 나가는 이 일은 허허벌판에서 배를 짓기 시작했던 조선 산업이 성취한 성과보다도 훨씬 기적 같은 일이라고 생각한다. 그간 우리는 외국인 전문가가 우글대던 원전 건설 현장에서 더 이상 외국인이 보이지 않도록 했으며 세계가 부러워하는 이용율 1위를 몇 년째 연속해서 달성하고 있다. 우리는 선진국에서 터지는 원전사고에도 불구하고 30년 이상 꾸준히 원전을 짓고 운영하는 저력과 끈기를 가지고 있다. 이것을 알려야 하지 않겠는가? 알리지 않는다면 다른 산업, 다른 에너지원과의 경쟁에서 뒤지고 말 것이다.

그런데 나를 알리기 전에 한 가지 해야 할 일이 있다. 바로 나를 바로 아는 것이다. 무엇이 오늘의 우리를 만들었는가? 이것을 제대로 알아야 나를 알릴 수 있다. 그 저력과 힘을 알아보고 싶은 것이다.

'데카르트'는 나에게 명령한다. 너를 알리고 싶으냐? 그렇다면 너 자신을 알아라. 그렇다면 너는 이 땅에서 살아남을 것이다. 그래서 나는 나를 찾기로 했다. 그런데 길이 막막하기만 하다. 그래서 먼저 묻기로 했다.

우리가 누구 인가를....

## 3. 설문지를 띄우다.

나를 알아가는 과정이란 '양치기 산티아고[1]'가 자아의 신화를 찾던 과정과 같은 길고도 먼 길이다. 끝이 보이지 않고 정답은 없다. 그렇지만 시작도 못해보고 주저앉을 수는 없는 일. 해서 나는 묻기로 했다. 2012년 3월부터 9월까지 6개월간을 묻고 또 물었다.

**"무엇이 우리를 원자력분야의 선두주자와 경쟁 할 수 있도록 했는가?"**

동료와 지인들을 대상으로 한 인터뷰가 시작되었고 그들의 입에서 다음의 발언이 쏟아졌다.

- 한국인의 근면성과 끈기 때문이다.
- 동료와의 유대관계가 크게 작용한다.
- 직장 내 장유유서의 위계질서가 존재한다.
- 모든 가족의 참여와 지원이 있어 일에만 전념할 수 있다.
- 일 자체를 좋아하는 문화가 있다.
- 직원을 식구로 대접한다.
- 교육의 힘이 크다.
- 팀워크가 좋아 이심전심이 통한다.
- 전문가를 존중하고 그의 의견이 잘 반영된다.

1) 파울로 코엘료의 소설 '연금술사'의 꿈을 찾아 떠나는 주인공 소년

- 신기술을 받아들이고 실행하는 능력이 뛰어나다.
- 동료 간에 서로 보듬고 같이 간다. 집단화 문화가 있다.
- 상하가 확실하다.

원전산업에 종사하는 인사들의 입에서 나온 이 내용을 가지고 원전그룹사에 다니는 직원들과, KINGS 학생 및 교직원을 대상으로 우선순위를 조사하였다. 조사 방법은 다중 선택을 하는 방법을 사용하였다.

설문지 집계결과, '한국인의 은근과 끈기가 현재의 우리를 있게 했다'는 항목이 가장 많은 선택을 받았다. 그 다음으로는 '교육의 힘이 컸다'는 데도 많이들 공감했다. 이 외에도 '동료 간에 식구로 대접하고 정을 주고받는 문화가 오늘의 우리를 있게 했다'는 것에도 인식을 함께했다. 또한 높은 신기술 수용 및 실행능력도 중요한 점으로 이해되고 있음을 알 수 있었다. 신기술 수용 및 실행능력은 교육의 힘이 미친 결과가 컸을 것으로 보인다.

조직문화가 원자력산업에 미친 영향은 높게 평가되지 않았다. '동료와의 유대관계가 크게 작용했다. 직장 내 장유유서의 위계질서가 존재한다. 일 자체를 좋아하는 문화가 있다. 팀워크가 좋아 이심전심이 통한다. 전문가를 존중하고 그의 의견이 잘 반영된다. 상하가 확실하다.' 등의 설문은 모두 낮은 점수를 받았다.

다음의 표는 총 11개의 문항 중에서 상위의 선택을 받은 6개의 항목을 그래프로 나타낸 것이다.

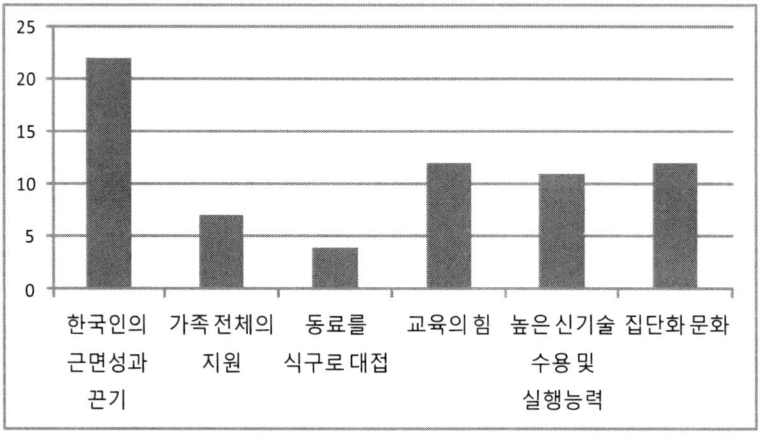


설문지에는 추가적인 의견 기술도 가능하도록 별도의 칸을 만들었다. 추가된 의견으로는 '의사결정권자의 확고한 지도력 확보'와 같은 긍정적인 내용도 있었지만, 아프지만 새겨야 할 다음과 같은 내용도 있었다.

- 현재의 성과는 자체적인 기초 다지기를 생략한 결과로 생각된다. 운영실적, 경제성 등의 실적이 좋은 것은 사실이지만 내용을 들여다보면 채우고, 개선하고, 노력해야 할 부분도 엄청나게 많다.
- 이용률 집착과 같은 성과주의가 빚어낸 결과이다.
- 상명하복의 한국식 군대문화가 기업에 퍼진 결과이다.

설문 조사결과에서 가장 높은 순위를 얻은 6개 항목은 좀 더 심도 있는 논의가 필요했다. 하여 다시 묻고 생각했다. 궁금증이 밝혀질 때 까지.

## 4. 우리를 만든 힘의 근원은 어디에서 왔을까?

### 가. 한국인의 근면성과 끈기 때문이다.

2011년 겨울, 나와 한전을 같이 입사한 동기들의 모임이 경주에서 있었다. 다 들 철없고 세상 물정 모르던 신입사원 시절부터 만난 사이어서 흉금이 있을 리 없었다. 쌍문동 연수원에서 10주 교육을 마친 후 각 발전소로 배치되었고 고리연수원(현재의 인재개발원) 직무교육도 발전소별로 받은 터라 전체 동기들이 모이기는 28년 만에 처음이었다. 그 만큼 회포도 컸고 가는 세월을 거스르지 못하고 쭈글쭈글해진 친구들의 얼굴에 놀라기도 했다. 건배가 제의되고 각자의 소개가 시작되었다. 발전소의 대표 꽃미남 시절을 회상했고 철없고도 세상 겁 없던 시절의 무용담이 쏟아졌다. 그러나 오늘의 만남을 기뻐하는 각자의 말에는, 아름다웠지만 다시는 올 수 없는 젊은 날에 대한 향수가 담겨 있었다.

이날 내게 가장 깊은 인상을 주었던 친구를 소개하고 싶다. 심석남 군이다. 고리발전소에 발령받은 스무명이 넘는 동기들 가운데도 유독 조용한 성격이어서 있는 듯 없는 듯 했던 친구다. 심군은 내가 1986년 고리를 떠난 후 가끔씩 출장이나 여행 시에 다시 고리를 찾을 때에도 도통 만날 수가 없었다. 신입사원 때부터 쭉 발전부에서 교대근무를 하고 있어 시간 약속이 어려웠기 때문이다. 그런 친구를 20년이 훨씬 넘어 만났을 때 여전히 '발전부'에서 근무하느냐고 물어 보았다. 그는 고개를 끄덕였다. 당연한 일을 왜 물어보느냐는 듯, 별다른 억양의 변화도 없이 대답하는 이 친구에게서 나는 오늘의 원자력 발전 산업계가 세계의 선두와 어깨를 나란히 하게 된 해답을 찾을 수 있었다. 한 곳에서, 그 것도 한 발전소의 같은 발전부에서

28년 가까이 근무를 하는 이 친구와 같은 사람들의 말 없는 헌신이야 말로 은근과 끈기가 아닐까?

또 한 사람 생각나는 이가 있다. 고리 2발전소에서 같이 근무하던 '손성권' 차장이다. 그와의 인연은 군대에서 시작되었다. 나는 연대본부 통신대의 일병이고 그는 예하 대대의 신참 ROTC 소위. 내 후임인 김동섭의 친구이기도 한 '손성권'은 성격도 조용하여 요새 광고카피로 쓰이는 그야 말로 '예측가능한 사람'이었다.

1979년 한여름에 군대에 입대한 나는 10.26과 12.12와 같은 역사의 세월을 몸으로 때우고 1980년 5월 중순, 조용하기 이를 때 없는 청주의 충북대학교에 계엄군으로 출동했다. 그 대학교 교정에서 그를 만났다. 조용하고 진득한 진국 같은 사람이었다. 내 상관인 통신대장은 말년 대위여서 예하 대대의 새파란 소위와 말 상대가 되질 않았다. 그렇기에 그는 친구인 김동섭을 자주 찾아 보급품 지원과 같은 아쉬운 부분을 해결했고, 나와도 자연스레 친구가 되었다. 그렇게 세월은 가고 나는 곧 제대를 해 복학을 했다. 그런 그를 다시 만난 것은 고리 2발전소에서였다. 그는 언제나 내가 근무하던 곳에 나보다 늦게 왔다. 김동섭의 제대 후 소식을 묻고, 복자라 불리던 애인과는 잘 되어 가는지도 물었다. 그와 나 그리고 김동섭으로 이어지는 인연은 신기하게도 점점이 연결되고 있었다.

그에게는 군대 시절이나 직장 시절을 관통하는 원칙주의와 같은 신념이 있었다. 더 중요하고 부러운 것은 나에게는 없는 끈기가 그에게는 있다는 것이었다. 일상적이고 반복적인 일에 쉽게 피곤해 하고 어려움을 겪는 나와는 다르게 그는 언제나 묵묵히 그리고 성실히 모든 일 들을 처리했다. 군대에 있을 때도 배터리 하나, 삐삐선이라고 부르던 통신선 한 줄을 그는 가볍게 처리하지 않았다. 항상 정리하고 단정하게 모든 것이 그 자리에 있도록 하던 그였다. 고리 2발전소에서도 그의 반경 방향에 있는 모든 일은 그렇게 단정하고도 조용히 처리되었다.

'손성권' 차장은 세상에 내 놓을만한 굵직한 일에서 공을 세우지는 못했다. 나와 같은 지극히 평범한 사람이었다. 하지만 그를 기억하게 하는 것은 원칙에 입각한 '예측가능한 사람'이었기 때문이다. 정기보수 기간이면 밤을 새워 발전소를 돌리고는 조용히 집으로 가 잠을 청하는 사람. 또 다시 다음날 밤이 오면 푸른 작업복으로 갈아입고 다시 원자력발전소의 부품이 되어 기계와 같이 씨름하는 사람 중 하나였던 그.

그를 기억하는 모든 사람은 그의 환한 미소와 언제든 허리를 깊이 숙여 누구에게나 인사하던 그의 모습을 기억한다. 그는 1998년 심장마비로 사망했다. 사내의 MV[2] 활동을 책임지던 그가 직원들과 함께 부산 금정산으로 MV 활동을 갔다가 하산하는 길이었다. 남에게 싫은 소리 한마디 하지 못하던 젊은 그를 하늘은 일찍 불러 올렸다. 중히 쓰시려 그랬나보다. 그를 만나면 물어보고 싶은 게 있다. 푸른 작업복과 발전소가 그리워 어찌 하늘나라로 갔는지...

내가 진정으로 존경하는 사람은 화려함 속에 겉으로 드러나는 이가 아니라 세상은 기억도 하지 못하고, 더욱이 자기 자신도 자신의 존재를 잊고 사는 것과 같은 무념(無念)의 존재들이다. 그들에 의해 이 원자력발전소는 밤도 잊고 돌아간다.

---

2) Motivation Vitality

조윤제 선생은 한국인의 특질을 '은근과 끈기'라고 규정했다. 깊은 울림과 명료함이 있는 글을 엮어내지 못하는 내 글 솜씨를 탓하면서 선생의 글 일부를 인용하는 것으로 우리의 은근과 끈기를 정의하고자 한다.

'우리 민족은 아시아 대륙의 동북 지방, 산 많고 들 적은 조그마한 반도에 자리 잡아, 끊임없는 대륙 민족의 중압을 받아 가면서 살아 나와서, 물질적 생활은 유족하지를 못하였고 정신적 생활은 명랑하지를 못하였다. 그리하여, 우리는 어느덧 자신도 모르게 은근하고 끈기 있는 문학예술 내지는 생활을 형성하여 왔다. 그러므로 '은근'은 한국인의 미요, '끈기'는 한국의 힘이다.'3)

문명비평가이자 칼럼니스트인 기 소르망 프랑스 파리 정치대 교수는 '한국이라는 나라가 발전하는 데 중요한 근간이 되고 잣대가 되는 것은 바로 한국인의 근면성'이라고 밝힌다. 그는 '과거 한국문화의 경우 부정적인 부분이 있을 수 있지만 현재의 문화는 긍정적인 요소가 더 많다.'며 '한국과 유럽국가의 차이가 있다면 노동시간과 근면성의 차이'라고 말한다.4)

땅 덩어리도 작고, 부존자원도 많지 않은 이 땅에서 근면, 성실한 국민성이 없이 어찌 오늘의 발전이 가능했겠는가? 절약하면서 살아가는 우리 국민의 모습은 내가 우리 부모에게서 배웠고 내 자녀들에게 강조했으며, 오늘 아침에 만난 발전소 건설현장에서 만난 사람들의 얼굴에서 발견할 수 있는 것이다.

---

3) 조윤제, 수필 '은근과 끈기' 중에서 요약 인용
4) 연합뉴스 2011년 1월

한국원자력연구원 핵연료 기술자립 기념탑에 가면 작은 동상 하나가 자리하고 있다. 기념탑에 가려 일부러 뒤로 돌아가 찾아보지 않으면 보이지도 않을 만큼 작은 흉상은 우리나라 중수로 핵연료 개발을 주도하던 서경수 박사를 기념하기 위해 세운 것이다. 1983년 2월 말, 서박사는 우리나라가 최초로 개발한 중수로 원전용 핵연료를 갖고 캐나다행 비행기에 오른다. 출발 직전, '만약 성능시험에 실패하면 태평양에 빠져 죽겠다' 며 비장한 심정을 드러내던 그는, 마침내 캐나다가 핵연료에 투자한 비용의 1.5% 만을 가지고 핵연료 국산화를 이루는데 핵심적 역할을 한다. 그리고 1989년 결국 암으로 사망한다. 과로와 자기 몸을 돌보지 않고 일에 매진한 결과였다. 그는 짧지만 열정적인 삶을 살았다. 우리나라 최초의 핵연료를 국산화하는 일은 혼자의 힘만으로 이룰 수 있는 성격의 것은 아니다. 하지만 그의 극적인 삶은 이 일에 참여했던 모든 이의 마음가짐과 성과의 이면에 새겨진, 그들의 희생을 극적으로 웅변한다.

한필순 전 원자력연구소 소장은 우리나라 원전 계통설계 자립의 최초 모습을 다음과 같이 회고 한다.

'1986년 12월14일. 원자력발전소 원자로계통설계를 배워가면서 수행할 공동설계팀 1진 44명이 그들의 가족과 함께 컴버스천 엔지니어링사가 있는 미 코네티컷주 윈저시(市) 로 출발하는 환송연에서 나는 '한국형 경수로 탄생은 전적으로 여러분의 손에 달려 있으니 실패하면 아예 돌아올 생각을 말라' 고 당부했다. '나라를 빼앗기면 식민지가 되듯이 우리가 원자력 기술 자립을 하지 못하면 밤낮 외국 기술에 의존하는 기술 식민지가 된다. 우리가 기술 독립국이 되기 위해서는 기필코 이번에 원자로 계통설계 기술을 우리 것으로 만들어야 한다.' '기술 독립을 하겠다는 정신으로 만세 삼창을 힘차게 외치자' 고 제안했다. 연구원들은 순간 머뭇거리는 것 같았다. 그러나 내가 먼저 만세하고 외치자 모두 따라서 힘차게 만세를 불렀다. 두 번째는 소리가 더욱 우렁찼다. 그리고 삼창 때는 정말 가슴이 찡한 듯 눈물을 훔치는 이들도 있었다.'[5]

또 하나 가슴을 찡하게 하는 무엇은 우연히 일간지의 인터넷 판에서 발견한 한 순직 공군 조종사의 일기장이다.

'내가 죽으면 가족은 내 죽음을 자랑스럽게 생각하고 담담하고 절제된 행동을 했으면 좋겠다. 장례는 부대장으로 치르되, 요구 사항과 절차는 간소하게 했으면 한다. 또 장례 후 부대장과 소속 대대에 감사 인사를 드리고, 돈 문제와 조종사의 죽음을 결부시킴으로써 대의를 그르치는 일은 일절 없어야 한다. 조국이 부대장을 치러주는 것은 조종사인 나를 조국의 아들로 생각하기 때문이다. 그러니 가족의 슬픔만 생각하지 말고, 나 때문에 조국의 재산이 낭비되고 공군의 사기가 실추되었음을 깊이 사과해야 한다. 군인은 오로지 '충성'만을 생각해야 한다. 비록 세상이 변하고 타락한다 해도 군인은 조국을 위해 언제 어디서든 기꺼이 희생할 수 있어야 한다. 그것이 대한민국 전투기 조종사의 운명이다.'[6]

김덕수 공주대 교수는 이 편지를 인용하면서, '인간은 의식이 언어를 주관하고, 언어가 행동을 지배한다. (중략) 그의 일기를 읽으면서 난중일기를 쓰며 해전 승리에 골몰했던 이순신 장군을 떠올려 보았다'고 썼다.

5) 한필순, 수류탄에서 원자로까지 요약 인용
6) 김덕수, 떠난 자리도 깨끗한 어느 공군 조종사의 일기장, 조선일보 2012. 8.31 일자에서 부분 인용

무엇이 우리에게 이러한 정신을 주었을까? 과연 은근과 끈기로 정의되는 한국인의 특질은 어떻게 생겨났을까? 조윤제 선생의 글처럼 지리 환경적 결핍이 만들어 낸 진주와 같은 정신인가? 아니면 유교로 대표되는 전래의 정신적 힘인가?

맹자의 한 구절을 살펴보자.

'하늘에서 사람들에게 큰일을 맡기는 영을 내리려면 반드시 먼저 그들의 심지(心志)를 괴롭히고, 그들의 근골(筋骨)을 수고롭게 하고 그들의 육체를 굶주리게 하고 그들 자신에게 아무것도 없게 하여서 그들이 하는 것이 그들이 해야 할 일과는 어긋나게 만드는데, 그것은 마음을 움직이고 자기의 성질을 참아서 그들이 해내지 못하던 일을 더 많이 할 수 있게 해주기 위해서이다.'[7]

궁핍과 인내로 단련된 자가 성취를 이룬다는 맹자의 말씀이 우리 민족의 DNA가 되었다면 당연히 은근과 끈기를 생활의 철학으로 삼지 않았을까? 그리하여 자신에게 주어진 사명을 묵묵히 다하는, 오늘 아침에 본 건설 현장으로 출근하는 사람들의 환하고 자신에 찬 얼굴이 생겨나지 않았을까?

## 나. 교육의 힘이 크다.

우리나라가 원자력발전 기술의 자립단계를 넘어 수출까지 하게 된 배경에는 교육의 힘이 무척 컸다. 첨단 기술일수록 인간의 머릿속에 담겨진다. 아무리 절차화하고 형식화하려 해도 사람의 머리는 따라가지 못한다. 그러니 평생을 배워야 한다. 지식의 사이클이 점점 짧

---

7) 孟子, 離婁下 無一朝之患章, 명륜당

아지기 때문에 대학 공부 정도의 수준으로는 몇 년 버티지 못한다. 새로운 교육을 받은 후배들이 속속 들어오기 때문이다. 나이 사십이 넘은 사람들에게 새롭게 공부를 시작해야 후배들에게 밀리지 않는다는 협박 아닌 협박을 하는 책들도 서점에 넘친다. 가히 평생 공부의 시대다.

평생 공부의 시대에 아이러니하게도 대학 입시병 역시 전 국민에게 퍼져있다. 우리나라 전 국민은 교육 전문가다. 학부모들은 사교육과 입시에 목을 맨다. 정부와 학교가 아무리 좋은 정책을 내 놓아도 모든 자식들이 서울대에 합격하지 않는 한 이 문제는 해결되지 않을 것 같다. 오죽하면 서울대를 대학원 중심으로 개편하자는 의견과 모든 국립대를 서울대로 통합하겠다는 의견 (결국 지방 캠퍼스라는 꼬리표는 붙이겠지만)도 나오겠는가?

누군가는 우리 부모들의 입시 열풍을 고려시대부터 이어온 과거의 연장선상에서 보기도 한다. 과거의 합격은 곧 정부 관료가 되는 길이었으니 경쟁이 치열했겠음은 불문가지. 비록 조선시대 인구수를 반영하는 통계인 호구조사의 신뢰성이 40% 정도였다는 평가가 있긴 하지만 세종시대의 인구가 약 5백 칠십만 명 정도였다[8]고 할 때 이 사회에서 도전해 볼 만한 관직이란 것이 한 500개 정도였으니 경쟁의 정도란 것이 가히 살벌한 수준이 아니었을까 싶다. 박달도령과 금봉의 전설이 어린 박달재는, 과거를 보러 올라오던 꿈 많은 선비의 길이요 과거에 낙방하고 내려가던 한 많은 길이기도 했다.

하지만 평생 공부의 시대에 대학 때 배운 지식만을 가지고 평생을 우려먹는 일은 불가능해 졌다. 특히 원자력분야처럼 기초학문과 응

---

8) 한국역사연구회, 조선시대 사람들은 어떻게 살았을까, 청년사

용학문, 그리고 현장경험이 어우러져 잘 익은 술처럼 발효와 숙성과정을 거쳐야 하는 공학 영역에서는 더욱 그렇다.

내가 고리에 처음 발령받아 근무할 때 수도공고 졸업생들과 같이 일했다. 입사년도는 같아도 군대까지 마치고 입사한 나와는 7~8년 정도의 나이차가 나니 막내 동생처럼 보살피며 지냈다. 이 친구들의 자질은 사실 대졸사원인 우리보다 우수했다. 특히 공업고등학교 과정에서 원자력 발전에 대한 기초를 배운 경험이 있는 이 들은 현장의 각종 상황을 더 빨리 이해했다. 그리고는 하루의 근무가 끝나면 울산에 있는 공업전문대학에서 주경야독의 생활을 했다. 그들의 삶은 치열했고, 조금은 여유가 없어 보였지만 그것이 대졸 사원과 고졸 사원의 차이점 전부였다.

약 삼십년의 세월이 흐른 후 발견한 재미있는 현상이 있어 소개한다. 한수원의 경우, 고등학교 출신으로 입사한 직원들이 진급에 있어서는 대졸 사원인 우리 동기들과 별 차이가 없었다. 그리고 또 하나, 그들의 많은 수가 관리자 영역 보다는 전문가의 영역을 가고 있는 것도 눈에 띈다.

이 글을 쓰면서, 한수원에 입사한 이후 자기개발을 통해 학위를 취득했거나 기술사와 같은 전문적인 자격을 취득한 직원들의 통계를 얻으려 했으나 개인의 신상정보와 관련한 사항이라 얻기가 곤란했다. 다만 관련 부서에 근무하는 직원들과 이야기를 나눠본 결과, 대략 20% 정도의 직원들이 취업 후 대학이나 대학원등의 상급학교에 진학하거나 기술사, 프로젝트 관리사(PMP) 등의 자격을 취득하고 있다고 한다. 역시 일 잘하고 자기개발도 열심히 하는, 이 나라를 이끌고 있는 모범적인 국민의 모습이다.

기술전문가의 가치수명이 기술관리자의 가치수명보다 커진 오늘날의 현실은 기술전문가에 대한 선호를 더욱 크게 한다. 두 그룹의 직원이 있다고 생각해 보자. 한 그룹은 기술관리자 그룹이고 또 한 그룹은 기술전문가 그룹이다. 100세 수명의 시대. 퇴직 후 적어도 십년은 더 현직에서 거뜬하게 일할 수 있는 건강과 정신력이 있다. 어떻게 대처할 것인가? 세월이 갈수록 전문성에 대한 수요는 커진다. 발전소에서 운전원이나 정비원으로 평생에 걸쳐 전문성을 키운 사람은 퇴직 후에도 제2의 취업이 가능하다. 하지만 기술관리자 그룹에 대한 수요는 그리 많이 늘어나지 않는다. 퇴직자가 많지 않던 시절, 선배들은 퇴직 후 관련 회사의 임원으로 자리를 옮겨 한전이나 한수원을 출입하면서 소속사의 업무를 지원했었다. 하지만 2012년 오늘날은 현직에서의 경험과 고유지식을 가지고 전문적인 컨설팅을 통해 후배들을 지도하는 선배들이 점점 늘어나고 있다. 이 또한 교육의 힘이 지닌 바람직한 현상이 아닐까한다.

한수원이 발표한 자료[9]를 보면 다음과 같은 숫자가 나타난다. 1993년 50% 정도이던 대졸 사원의 비중이 2009년이 되면서 약 77% 정도로 크게 증가했다는 통계다. 지난 16년간 채용된 신입사원의 질도 우수했거니와 기존 직원들의 교육열도 대단했다는 얘기다. 무엇이 이러한 일을 가능하게 한 것일까. 교육에 대한 열정이다. 고등학교 졸업생의 80% 정도가 대학교에 진학하는 통계적 수치가 우리민족의 대단한 교육에의 열정을 말해준다. 그리고 또 하나. 평생교육에 대한 관심과 노력이다.

한국전력기술주식회사의 초대 사장을 역임한 정근모 전 과기부 장관은 원전 기술자립의 일등 공신을, 바로 끝없는 배움에 대한 열정으로 기억한다.

---

9) 한수원, 우수운영실적 달성 주요요인 분석결과

"내가 한국전력기술주식회사의 사장으로 취임하고 나서 바로 시작한 일은 사내 대학원을 세우는 일이었다. 국내 대학에서 가장 우수한 교수진을 강사로 초빙하는데 그 분들은 회사에서 제공하는 택시를 타고 여의도로 왔다. 일과 후 저녁시간이 되면 교수와 학생들이 준비한 도시락으로 저녁을 해결하고 바로 공부를 시작했다. 그야말로 주경야독의 시절이었다. 이미 각 분야에서 전문가로 이름을 날리던 직원들에게 이론적 바탕을 알려주기 시작하니 교육의 성과는 바로 나타났다. 그간 외국에 의존하던 설계해석 기술들이 국내 기술진만으로 해결되기 시작한 것이다. 단순히 주어진 공식에 입력값을 대입하여 결과를 얻던 기술자들에게 수식의 근본을 이해시킨 결과였다."

직원들이 학교에 가지 않고도 공부 할 수 있는 길을 열어준 회사의 배려와 원자력연구소에서 이관된 직원들을 중심으로 설립된 회사의 학구적인 분위기가 결합된 상승효과는 단시간 내에 회사 전체로 퍼져 나갔다. 직장 내에서 배움을 추구하던 이 들은 오늘날 한국 원자력발전산업을 이끄는 중추가 되었다

국내 원전용 시뮬레이터 기술을 국산화하는데 열정을 바쳤던 KINGS 이용관 교수는 국내원전이 해외 원전보다 이용률이 높은 것은 우수한 인적 자원 때문일 것이라고 평가한다.

"지금에서야 하는 얘기지만 1970년대 고리 1호기가 가동되기 시작했을 때, 우리나라엔 우리 실정에 맞는 시뮬레이터조차 없었다. 미국 Surry 원전의 시뮬레이터를 카피한, 그저 학생들 교육용으로나 사용 할 수 있는 시뮬레이터가 있었을 뿐이었다. 더욱 문제인 것은 원자력발전소를 잘 아는 기술자가 거의 없었다는 사실. 초기 운영자들이 미국에 가서 교육을 받기는 했으나 원전을 시험하고 운전하기

에는 턱 없이 부족했다. 1981년 한전은 신입사원을 채용했다. 고졸과 대졸의 구분이 없이 뽑혀진 직원들의 질은 매우 우수했다. 이들이 배치된 곳은 이제 막 건설을 끝낸 고리 2호기. 직원들은 난생 처음 접하는 원자력발전소의 시운전 분야에 배치되었다. 기존 직원들의 사정도 더 낫지 않았다. 기껏해야 화력발전소 운전 경험이 전부인 직원들이었으니 원자력발전소 자체를 이해하기도 힘들었다. 그야말로 맨땅에 박치기하는 형국이었다. 원자력에 대한 기술교육조차 제대로 받지 못한 상태에서 발전소 운영 노하우가 가장 많이 요구되는 시운전 분야에 투입된 것이다. 직원들은 자연히 두 개의 그룹으로 나뉘었다. 미국에 파견을 가 교육을 받은 선배직원과 국내에서 그들로부터 전수교육을 받은 후배직원 그룹. 미국에서 교육을 받은 선배직원들이라 해도 원전 운전경험이 없기는 마찬가지였다. 시운전이 끝나갈 즈음, 재미있는 현상이 벌어졌다. 전수교육과 자체 교육을 통해 원전을 배워간 후배직원들의 능력이 미국에서 교육프로그램을 이수한 선배직원들의 능력을 상회하기 시작했다. 이러한 기현상은 신입직원 자체의 우수성과 하고자 하는 열망 이외에는 도저히 설명이 되지 않는 기적 같은 일이었다. 경험 있는 선배 직원들의 헌신적인 지도도 밑거름이 되었음은 물론이다."

외국으로부터 전수된 기술과 시운전을 통해 축적된 역량을 직원들에게 전하는 선순환 구조를 탄탄하게 갖추게 하는데 교육의 힘만큼 중요한 요소도 없을 것이다.

'청출어람'. 우리가 형님을 가르친 얘기를 해야겠다. 신고리 3,4호기의 핵심 안전계통 소프트웨어를 납품키로 했던 웨스팅하우스는 중국과 미국 내의 AP1000 프로젝트와 동시에 진행되는 신고리 3,4호기에 경험 있는 기술자를 배치할 여력이 없었다. 그저 자국 프로젝트를 수행하기에도 급급한 소규모 인력을 가지고 세 곳의 현장을 지원하기는 애당초 어려운 노릇이었다. 당초 컴버스천 엔지니어링(CE) 사를 흡수하면서, 과거 System80+ 기술을 개발한 조직과 원래 웨스팅하우스가 보유하던 조직을 물리적으로 합병함으로써 결과는 신고리 3,4호기와 같이 CE 기반의 기술을 활용하는 현장 지원이 순조롭게 되기 어려운 결과를 초래했다. 이 결과, 신고리 원전에 기술지원차 출장을 온 웨스팅하우스의 신참은 오히려 현장의 우리 직원들에게 지도를 받는 일이 생겼다.

첨단 계측제어기술을 안전계통에 대폭 수용하면서 벌어지는 선진국 기술자 부족의 문제는 역설적으로 우리 내부에 축적된 전문적 역량을 과시하는 기회가 되었다. 설계회사의 직원들이 미국 기술자들을 지원하기 위해 파견되기 시작한 것이다. 대외적으로는 전혀 주목받지 못했으나 이 일은 국내 원전기술의 자립을 선포하는 뜻 깊고도 가치 있는 사건이었다. 첨단 기술의 수혜자에서 기술의 제공자가 된 것은 참으로 축하할 일이다. 후배 엔지니어들이 자랑스럽다.

교육받은 자의 힘은 다른 형태로도 표출된다. 엑셀론 최고 경영자가 고리 원전 주제어실에서 근무하는 운전원들을 보고 깜짝 놀라며 한 얘기다.[10] "주제어실에 웬 서류가 이리도 많은가요?" 이 말에 더욱 놀란 반응을 보인 운전원들. "아니 도면과 기기 매뉴얼도 보지 않고 어찌 근무한단 말이요?" 그의 대답. "보수 운영요원은 다 무얼 하고 있기에 운전원들이 도면이며 매뉴얼을 보면서 일한단 말이요? 운전원은 운전만 하면 되는 것이지!"

운전원은 운전만 하고, 문제가 생기면 담당자에게 연락만 한다?

10) 한수원의 오태석 부장으로부터 들은 얘기다.

일상점검 등 사소한 문제는 운전원들이 수시로 챙기고 조치하는 원전과, 현장으로부터 철저히 단절되어 운전만 하는 운전원이 있는 원전 중 어느 원전의 이용률이 높겠는가? 참고로 미국의 원전 운전원들은 대부분 해군에서 배출된 인력으로, 교육의 정도가 한국에 비하면 아주 낮다고 하니 역시 우리의 우수한 원전 운전성과는 잘 교육된 사람으로 시작된 것이 틀림없는 것 같다.

## **다. 동료 간에** 서로 보듬고 같이 간다. 집단화 문화가 있다.

내가 사는 대전 유성구 둔곡동은 대전의 서쪽 끝자락으로 세종시와 연결되는 곳이다. 이곳에는 50호 남짓의 집이 있다. '창녕 성씨' 집성촌이어서 어르신 들 성함 외기가 보통 힘든 것이 아니다. 동일 항렬은 '모'자 돌림인데 몇 십호의 호주 이름을 가운데 한 자로 식별해야 하니 종종 실수를 한다. 노인들이 대부분이고 내 나이 정도의 젊은 사람들이 새마을 지도자가 되어 친척들의 대소사며 정부 지원과 같은 업무의 처리, 그리고 이앙기, 탈곡기, 밭가는 관리기 등을 이용해 농사도 도와준다.

역사적으로 우리나라 경제의 근간은 농촌이었다. 천 년 이상의 농경 역사를 가진 이 땅에서 둔곡동에 호구수가 많았을 때도 70호를 넘지 않았단다. 농촌 지역이 50호 에서 70호 정도의 규모로 발전된 데는 다 이유가 있다. 사람의 노동력에 의지해 농사를 짓던 과거에 씨를 뿌리고 거두는 일을 분담하기에 가장 경제적인 규모였기 때문이다.

기계가 대부분의 농사일을 대신하는 요즈음도 사람의 힘은 절대적으로 필요하다. 요사이 논농사는 별로 어려워 보이지가 않는다. 그런데 이양기가 논에 자동으로 '모'를 꼽아주는 오늘날에도 이양기가 지나간 뒤 쪽에는 잘 꼽히지 않은 모가 둥둥 떠 있다. 나 같으면 귀찮아서라도 그냥 두련만 우리 동네 노인네 들은 논에 들어가 어두워질 때 까지 그 모를 논에 꼽고야 만다.

장마가 지나고 날씨가 더워지면 벼멸구가 기승을 부린다. 요놈들은 벼 잎을 갉가 먹어 벼농사를 망치게하는 주범이다. 그러니 날씨의 변화에 따라 농약도 뿌려야 하고, 늦여름에는 올라오는 '피'를 뽑아줘야 한다, 오죽하면 농사란 '흘리는 땀방울 만큼 알곡을 거두는 일'이라고 하지 않던가. 이러한 농촌에서 '두레'나 '향약'으로 대표되는 정신은 가장 중요한 덕목이었다. 같이 농사짓고, 농한기에는 같이 가마니도 짜고 집안의 관혼상제를 같이 거들던 이웃은 또 하나의 식구였을 테니까. 이러한 정의 문화와 식구의 문화가 우리의 혈관 속에 연연히 흘러, 외국인조차도 식구로 받아들이는 정서가 생긴 것은 아니었을까.

요즈음 직장인들은 관혼상제를 동료들에게 의지한다. 직장인의 결혼식은 친구보다 회사동료의 축하를 더 많이 받는 자리가 되었고, 자녀의 결혼식장이나 부모님 장례식장은 같이 근무하거나 이제는 회사를 떠난 동료를 다시 만나는 자리가 된다. 우리나라의 원자력분야 상시 종사자는 약 이만 삼천여명. 좁고도 좁은 바닥이다. 동료들이나 선후배 경조사에 몇 번 참석하면 대부분의 사람들을 만나게 된다. 일촌 내지 이촌의 관계가 형성되는 참 작은 사회다. 그러니 서로의 경조사에 더욱 관심을 갖게 된다. 눈에서 멀면 마음에서도 먼 법. 그러므로 먼 길 마다않고 찾아다닌다.

직장의 동료는 식구보다도 더 많은 시간을 함께한다. 특히 같이 입사한 동기는 언제든 든든한 상담역이 된다. 내 경우도 같은 해에 한전에 입사한 동기 중에 원자력으로 배치된 동기만 120명이 넘는다. 고향을 멀리 떠나 낯선 고리에서, 층층시하 상관들을 모시고 생활하는 초년병에게 동기들은 업무에서의 스트레스와 개인의 고민을 나누는 든든한 버팀목이었다. 우린 거센 바닷바람을 이기며 방풍림으로 서있는 어린 나무처럼 온갖 어려움을 서로 부비며 견뎌 내었다.

워튼 경영대학원의 피터 캐펠리는 '동료 간의 유대가 우수 인재를 유지하는 중요한 전략이 된다. 회사에 대한 충성은 사라질지 몰라도 동료 간의 유대는 쉽게 사라지지 않는다. 그렇기 때문에 핵심인물간의 감정적 유대를 발전시킨다면 우수 인재의 이직률을 현저히 감소시킬 수 있다.'[11]고 말한다.

나와 잘 맞는 동료는 직장 생활에 활력소가 되기도 하고 직장 생활의 어려움을 견디는 힘이 되기도 한다. 하지만 모든 동료가 내 맘에 쏙 들 수야 없는 법. 동료와 선후배 간의 갈등요소도 배제할 수 없다. 그러나 공기업 체제인 원자력분야에서 갈등은 터부시된다. 상사가 주최하는 회식에 빠지는 것도 괘씸죄에 해당한다.

GWP[12]의 개념도 있다. GWP는 1998년 미국의 경제전문지 포춘에서 'Fortune 100 Great Place to Work for in America'를 발표하면서 널리 알려졌다. 80년대 초 경영컨설턴트인 로버트 레버링[13]은 '초일류 기업이 가진 공통점'을 밝혀내고자 하는 연구를 통해, 초우량기업 즉, 훌륭한 일터는 특별한 제도나 급여수준에 의해 결정되

---

11) Peter Cappelli, http://www.happyceo.co.kr에서 재인용
12) Great Work Place, 훌륭한 일터
13) Robert Levering

는 것이 아니라 조직 내부 구성원 간 신뢰를 바탕으로 형성된다는 사실을 밝혀냈다. 다시 말해, 구성원을 중심으로 봤을 때 상사에 대한 높은 신뢰, 업무나 회사에 대한 강한 자부심, 동료들 간에 재미가 초일류기업들이 지닌 공통분모였다. 이는 관계의 질이 높을 때 궁극적으로 기업의 경쟁력이 높아진다는 사실을 반증하는 것이다.[14)]

그렇기 때문에 '일하기 좋은 기업'을 선정할 때, 회사에 대한 믿음, 공정성, 자부심을 느끼는지, 재미를 느끼는 지 등과 같은 종업원이 회사에 대해 느끼는 신뢰도 지수를 먼저 심사한다고 한다. 아울러 사람 중시관계, 전문역량 강화를 위한 특별한 기회제공 여부 등 문화에 대한 조사도 병행한다. 이러한 종류의 민간주도 시상제도에 대해서는 공정성 시비도 많고 나도 별로 동의하고 싶지는 않다. 하지만 다음의 심사 항목은 한 번쯤 주목 해 볼 필요가 있다.

귀하는 다음의 네 가지의 질문에 모두 동의하는가? 곰곰이 생각하고 표기해 보자.

- 나는 회사에 대해 믿음이 있고 공정하다고 생각하며 자부심을 느끼고 있다.
- 나는 일과 일터에서 재미를 느끼고 있다.
- 우리 회사는 직원들을 중시하고 존중한다.
- 우리 회사는 직원 개개인의 역량을 강화하기 위해 특별한 기회를 공평하게 제공하고 있다.

워크 스마트란 용어가 있다. 지식 사회에서 '머리를 써서 창의적

14) www.gwpkorea.com의 자료에서 인용정리

으로 일하자'는 것이다. 직원의 자발적인 창의성을 기대하려면 직무 만족도뿐 아니라 개인 생활의 만족도에 대한 배려가 필요하다고 한다. 바로 일과 생활의 균형이 필요한 것이다. 월간지에 게재된 기사 중 주목할 만한 내용이 있기에 정리하여 수록한다.

'워크 스마트의 전제는 일과 생활이 대립 관계에 있는 것이 아니라 상승효과를 낼 수 있다는 것이다. 이는 조직과 개인의 목표가 조화 가능한 것이라는 생각에 의한 것이다. 워크 스마트를 위해서는 조직구성원들 간의 심리적 거리를 좁히기 위해 정서적 소통을 강화할 필요도 있다. 정서적 소통이 활성화돼 관계가 좋아지면 직무만족도가 높아지면서 몰입도가 높아지고 동료와 쉽게 협력할 수 있는 토대가 마련된다. 정서적 소통을 강화하기 위해서는 임직원 간에 업무 외의 다양한 활동을 지원하고 '부서 간 활동'을 통해 스킨십을 강화하는 것이 필요하다.'[15)]

그런데 우리 원자력계는 너무 소통이 잘 되어서 탈이다. 항상 소통의 국지성이 골칫거리다. 사람들이 십여 년을 같이 근무하다 보면 상사와 부하의 관계는 더 이상 성립하지 않고 형과 아우의 사이가 된다. 마음이 통하는 사람들과 어울리는 기회가 잦아지고 가족 이상의 끈끈한 관계로 변한다. 하루 종일 회사에서 얼굴 보며 지내다가 저녁을 같이 먹고 이차 삼차 술집을 전전하면서 세상살이부터 자기의 개인적 고민까지 나누는 관계가 바로 이 패거리다. 하지만 내 부서, 내 동기, 내 조직 등, 집단 속의 소통은 종종 남에게 배타적으로 작용한다. 집단적 소통이 패거리의 문화로 발전하는 것이다. 끌어주기 양태도 타파해야 할 부정적 요소다. 과거에 같은 부서에서 근무

15) 신동아 2012년 7월호, 일과 생활의 균형 잡는 '워크 스마트(work smart)에서 부분인용

한 인연이 진급과 근무지 배치에 영향을 주니 충성을 바치지 않을 수 없는 구조도 문제다. 이는 결국 해바라기형 인재를 키운다는 점에서 조직의 유연성을 떨어뜨린다.

## 라. 신기술을 받아들이고 실행하는 능력이 뛰어나다.

한국인처럼 기술에 집착하는 민족도 흔치 않을 것이다. 서구열강의 과학기술로 인해 19세기말 식민지로 대거 변해버린 아시아 국가 중에서도 기술에 대한 집착이 가장 큰 나라는 바로 우리가 아닐까 한다. 조급증에 가까운 새로운 기술에 대한 갈망은 스마트폰 기술이 이 땅에 정착하는 과정에서도 나타난다.

2007년 1월 처음으로 공개된 애플의 아이폰은 이동통신 시장을 그야말로 파괴적으로 혁신했다. 2007년은 스마트폰과 바보폰(?)의 경계를 결정짓는 시기였던 것이다. 아이폰이 출시되고 그 우수하고 편리한 기능에 매혹된 매니어가 급격히 늘어날수록 삼성과 LG같은 기존 휴대폰 시장의 강자에 대한 비난은 그 강도를 더해 갔다. 언론의 관심과 질책이 이어지고 삼성은 결국 전통적인 하드웨어 기업에서 소프트웨어와 하드웨어가 공존하는 '스마트'한 영역에 뛰어들게 된다. 이후 자사가 개발 중이던 '바다 운영체계'를 뒤로 미루고 구글의 개방형 체계인 '안드로이드 운영체계'를 탑재한 제품으로 스마트폰의 시장 점유율을 다시 찾아오게 된다.

이렇듯 우리에게 있어 첨단 기술 발달에 뒤지는 것은 도저히 용납하지 못한다. 원자력분야의 경우도 마찬가지다. 원자력 기술자립이 완료되어 토종 신형원전인 APR+[16]이 눈앞에 모습을 드러내는 2012년은(물론 설계만으로) 우리에게 많은 점을 시사해 준다. 육년여 만에 원자력발전소를 찍어내듯 건설하는 나라는 전 세계에 우리밖에 없다. 첨단 기술의 개발은 우리에게 숙명과도 같은 것이고 남과의 경쟁에서 지는 것은 있을 수 없는 일이다.

나는 신고리 3,4호기에서 벌어지고 있는 우리 기술자들의 활약을 보면서 이 현상은 다음의 두 가지 요소가 결합된 결과가 아닐까 추측해 본다.

**첫째, 원전 국산화**를 생각할 당시부터 우리의 선배들에게는 혜안이 있었다는 것이다. 단순한 엔지니어가 아닌 설계영역에 대한 접근을 생각했다. 핵증기계통을 설계하던 당시 원자력연구소는 이 일에 각 분야 최고의 역량을 지닌 박사급 연구원을 배치했다. 엔지니어적 사고는 현상의 이해에 초점이 있는 'Know-how'기술에 있지만 연구원적 사고는 문제의 본질을 알려는 'Know-why'에 더욱 관심이 있다. 초기 과학기술자들의 'Why' 영역에 대한 끝없는 질문이 없었으면 거대한 과학기술 집약체인 원전 기술을 마스터 하지는 못했을 것이다.

'Know-why' 영역은 분명 개인의 창의력을 요구하는 영역이다. 최초 기술개발자가 받은 영감은 무엇이었는지를 곰곰이 생각해 그가 받은 영감과 동기화 하는 것 이것이 바로 본질 영역을 아는 작업일 것이다. 미국의 원자력개발사를 보면 사이언스 영역과 엔지니어링 영역이 공동으로 작업한 사례를 얼마든지 찾아볼 수 있다. 특히 원자로와 관련한 기술은 대부분 과학자의 머리에서 나왔다.

이러한 과학적 영역의 작업과는 별도로 한전기술(주)를 창립하여

16) Advanced Power Reactor Plus

종합설계를 주도적으로 끌고 간 것 또한 혜안 중 혜안이 아닐 수 없다.

**둘째는 배우고자** 하는 직원들의 욕망이다. 설계를 담당하던 많은 수의 직원들이 자발적인 노력으로 기술 면허를 취득하였다는 것도 주목할 만하다. 한전기술(주)의 경우 기술직 직원의 75%가 기술사, PE, PMP, 기사 등의 전문자격 소지자다. 이러한 배움의 열망은 두 번째 항목에서 다룬 교육에의 열망과 함께 직원 스스로가 진화하는 훌륭한 동기를 부여하였고, 각 회사에서는 면허수당 제도를 도입하여 이를 적극적으로 유도하고 고취시키고 있다.

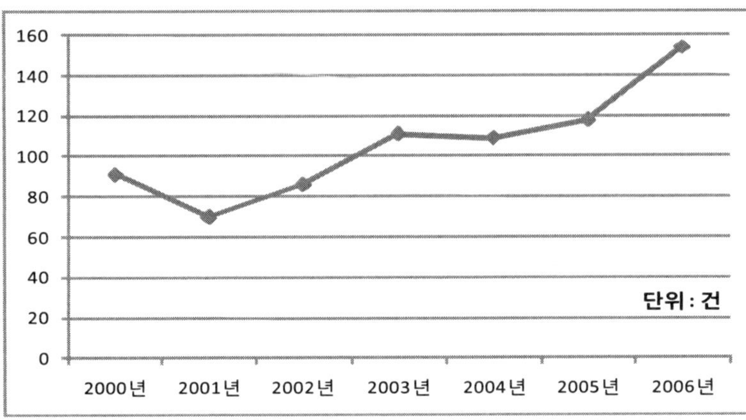


연도별 원자력관련 특허출원 추이

특허청에 따르면 원자력관련 기술의 특허출원은 국내에서는 2000년 이후 지속적으로 증가하여 연간 100 여건에 달하고 있고, 특히 비교적 최근인 2006년의 경우 154 건에 달하는 것으로 나타났다. 출원된 특허의 기술동향을 살펴보면, 국내에서는 원자로와 관련한 기술이 52%로 특허출원이 가장 활발한 것으로 나타났으며, 그 다음으로 원자력 발전의 안전성을 확보하기 위한 기술인 방사선 방호 및 오염 제거와 관련한 기술이 31%를 차지한 것으로 나타났다. 특허 출원 주체별로는 한국원자력연구원이 선두로 출원량의 27%를 차지하고 있으며, 한국수력원자력(6%), 웨스팅하우스(4%)가 TOP 10 출원인 내에 들어 있다.[17)]

주위를 돌아보면 내 직장이라는 생각조차도 뛰어 넘는 인사들도 많다. 평생 직업을 '업Karma'으로 생각하며 사는 장인정신의 세계. 일본도를 만드는 장인이 칼을 갈 때 마지막 단계는 손가락으로 칼을 갈아 날을 세운다고들 하지만 우리 원전을 책임지는 인사들의 장인정신도 보통은 아니다. 그들은 직업과 일체감을 느낀다. 일체감을 갖는 것의 근본은 바로 직업에 대한 애착이다.

한전 입사동기인 이명수 처장은 외국인들로 부터 '시뮬레이터 가이' 라고 불린다. 전 세계에서 원자력발전소 시뮬레이터를 자력으로 국산화한 나라는 몇 없다. 원전 시뮬레이터는 실제 발전소의 중앙제어실과 동일하게 제작된 운전원 훈련용 설비다. 이 설비를 이용하여 운전원들은 발전소에서 예상치 못하게 발생할 수 있는 모든 상황을 안전하게 조절할 수 있도록 훈련된다. 항공기 조종사가 비행기를 실제로 조종하기 전에 훈련을 통해 기술을 익히는 설비도 역시 시뮬레이터라고 부른다.

우리나라는 미국의 쓰리마일 아일랜드 사고 이후인, 1979년 최초의 시뮬레이터를 도입, 운영하였다. 이후 표준형 원전부터 국산화하기 시작하더니 이제는 고리 1호기와 같이 외국기술로 건설된 오래된 시뮬레이터까지 국산으로 대체하고 있고 UAE에도 수출 중이다. 비

---

17) 디지털 타임스, 원자력관련 특허출원 봇물, 2007.11.29

행기의 생명이 조종석이듯 원자력발전소의 생명은 주제어실이다. 이 제어실을 만든다는 것은 원자력발전소에 사용되는 모든 계산식과 발전소의 동적인 거동을 완벽하게 파악하고 있다는 얘기다. 그러므로 어설픈 지식으로는 시뮬레이터 개발은 꿈도 꾸지 못한다.

KINGS로 자리를 옮긴지 얼마 되지 않아 나는 한전 전력연구원에 연구실을 얻어 교재개발을 시작했다. 어느 일요일, 밀린 업무를 처리하느라 연구실에서 오전을 보낸 나는 늦은 점심을 먹으러 근처의 중국음식점으로 향했다. 짬뽕을 한 그릇 시켜놓고 멍하니 의자에 앉아 있는데 이부장이 어린 학생과 함께 음식점으로 들어왔다. 약간 쌀쌀한 날씨였는데도 그의 몸에서는 열기가 훅하고 전해져 왔다. 발전소 출장이 잦고 온갖 업무로 바쁜 그를 밖에서 참 오랜만에 본 터에 농을 걸었다. “뭘 하다 오기에 동지섣달에 땀을 빼냐?” 그는 같이 온 어린학생을 내게 인사시키더니 말을 이었다. “교회에서 어려운 사람에게 쌀을 제공한다고 해서 이 학생 도움을 받아 봉사 활동하고 있어. 구청에서 명단을 받아 쌀을 지원하고 있는데 지원대상인 아주머니가 약속을 어겨 언덕 위에 있는 집에 서너번 쌀 포대를 들고 갔다가 허탕을 치고 돌아오는 길이야.” “야! 대문에다 놔두고 오면 되지, 뭘 몇 번씩이나 가서 허탕 치냐?” 내 말에 그가 대답했다. “행여 남이 집어가면 어떻게 해?”그는 이런 사람이다.

그와 UAE 원전 시뮬레이터 소프트웨어를 개발하고 있는 미국의 오사마라는 친구는 내게 이렇게 말한다. “내가 전 세계를 다 돌아다니면서 사업을 하고 있지만 ‘미스터 리’처럼 바쁜 이는 처음 본다. 언젠가는 5분간 회의를 하려고 한국에 온 적도 있었는걸.” 왜 아니 바쁘겠는가? 각종 신기술을 도입하여 매번 새로운 시뮬레이터를 개발하려니 몸과 마음이 얼마나 바쁠는지 이해가 간다. 그는 욕심도 많다. 자기가 개발한 시스템은 언제나 최고여야 한다. 그리고 사용이 편해야 한다. 더구나 누구도 도전하지 않던 분야에 까지 도전한다. 잔잔한 개선 말고도 가상발전소 개념을 도입한 컴퓨터지원 교육설비와 3차원 시각화 시스템에 이르기까지 그의 관심 범위는 끝이 없다. 오사마의 말이 걸작이다. “언젠가 급하게 협의할 일이 있어 그를 찾아 한국에 왔지. 그런데 영 만날 수가 없더군. 수소문을 해보니 일요일 낮 예배시간에 교회에 가면 틀림없이 만날 수 있다기에 교회에 가서 미팅을 한 적도 있어.” 참 못 말리는 인사들이다, 둘 다.

이 시뮬레이터 팀에는 또 하나의 미친 이가 있다. 홍진혁 차장이다. 요즈음 그는 고리 1호기 훈련센터에서 산다. 언제 자는지 언제 밥 먹는지, 대전 집에는 언제 다녀오는지 알 수가 없다. 언제든 훈련센터에 가면 만날 수 있으니까. 나는 요즘 반성을 참 많이 하고 있다. 이런 사람이 닦아 놓은 원자력호에 무임승차하고 있는 것은 아닌지 많이 켕겨서다.

한전기술이 쓰는 원자력연구원 건물 오른쪽에는 지금은 폐쇄된 우물이 하나 있었다. 물맛이 좋아 대부분의 직원들이 퇴근할 때 물통에 이 물을 채워 집에 가져가서 마시던 그 우물이다. 이 우물에서 밤 12시 넘어 물을 뜨다가 총 책임자인 단장도 만나고 동료도 만났다. 뭘 하나 잡으면 풀어야 직성이 풀리는 연구원들답게 시간 가는 줄 모르고 몰두하다가 아내들의 독촉을 받고서야 물을 길어 퇴근하는 길이였을 거다.

지금이야 컴퓨터의 자료 보안이 강화되어 어림도 없지만 예전에는 논문 작성에 필요한 신기술 자료를 찾으려면 종합자료보관소가 아닌, 담당자 개인 컴퓨터를 뒤지곤 했다. 그 컴퓨터 속에는 학위 논문 몇

편은 쓰고도 남을 분량의 새로운 기술에 대한 자료가 쌓여 있었으니까. 머리에 넣다가 이마저도 안 되면 컴퓨터 하드디스크에라도 쌓아 놓아야 직성이 풀리는 새로움에 대한 호기심은 정말 말릴 도리가 없다. 오늘도 또 그렇게 그들의 사무실 창은 자정이 넘어서도 환히 빛난다. 가서 잠 좀 자라.

## 마. 모든 가족의 참여와 지원이 있어 일에만 전념할 수 있다.

1978년 우리나라에 원전이 가동되기 시작한 이후 가장 큰 사고는 1994년 월성 1호기에서 냉각재(중수)가 유출된 사고다. 당시 다른 안전장치들이 가동돼 중수 유출이 차단되고 유출된 중수를 전량 회수함으로써 사고는 마무리됐다.

이야기는 월성 원전이 언론의 집중 포화를 받고 있던 그 시점에서 시작된다.

대다수의 직원들이 사택에 거주하고 있어 직원뿐만 아니라 가족들 모두도 심한 스트레스를 받고 있을 때였다. 24시간이 모자라도록 사고 복구에 정신이 없는 직원뿐만 아니라 남편을 발전소에 빼앗긴 젊은 아낙들도 어린 자녀를 홀로 키우느라 고생이 심했다. 그때의 남편에게 집이란 하숙집 같은 곳이었다. 점심시간이나 저녁시간에 잠깐 들어와서는 아내와 밥 한 끼 먹고 애들 한번 안아준 후 아내가 내어준 옷을 갈아입고 다시 일터로 돌아가는 하숙생 남편들.

한 남편이 오랜만에 들어와 아내가 차려준 점심을 먹고 있을 때였다. 아내의 귀에 발전소에서 증기가 분출되는 "쏴"하는 소리가 들렸다. '여보 큰일 났어. 빨리 가봐!' 밥 먹던 남편은 숟가락을 던지고는 그

길로 발전소로 돌아가고, 아내는 발전소에 안 좋은 일이 일어났는지 노심초사 했다던가.

직원으로부터 이 이야기를 전해들은 발전소장이 어찌 감동하지 않을 수 있을까. 결국 당시 월성원전 소장이던 박상기 처장의 눈에서는 굵은 눈물이 하염없이 쏟아졌다고 한다. 이렇듯 한국의 발전소는 가족이 돌린다.

남편으로부터 발전소에 대한 정보를 항상 듣고 있는 부인들의 원전에 대한 이해도 남다르다. 부부간에 교류되는 정보가 다는 아니다. 부인들 간의 정보교류도 무시할 수 없다. 그런 부인들의 지원은 막강한 것이다.

원자력 산업체에 근무하는 가장을 둔 가족들은 똘똘 뭉쳐 가장을 지원한다. 발전소 사택은 아침이 되어도 소란스러운 법이 없다. 밤샘 근무를 하고 돌아온 가장들이 두꺼운 커튼이 쳐진 방으로 들어가 잠을 청하기 때문이다. 아내들도 어린 아이들이 아빠의 잠을 방해하지 않도록 단속한다. 어린아이에게 아빠는 놀이의 대상이다. 그렇지만 어린 시절부터 엄마의 잔소리를 듣고 자란 아이들은 아빠와 놀 때와 놀지 못할 때를 안다. 칭얼거리면서도 아빠가 일어나기를 기다린다.

고리 원전에 근무하는 아빠를 둔 덕에 고리에서 나고 자란 한 원자력 자녀는 어린 시절의 아빠를 이렇게 기억한다. '아빠가 휴가를 쓰는 것을 거의 보지 못했다. 또한 토요일 오전 근무까지 하던 시절이어서 휴일에 가족과 단란한 시간을 보낸 적도 별로 없었다.' 그러나 직장에서 제공하는 고리사택에 살았기에 아빠와 항상 같이 지낼 수는 있었다.

주위를 둘러보면 여름휴가를 회사에 반납하는 이상한(?) 인사들을 흔히 볼 수 있다. 요즈음은 휴가 문화가 많이 정착되었고 젊은 층으로 갈수록 휴가를 중시하는 경향이 크긴 하지만 아직도 휴가보다는 일터를 찾는 사람들이 적지 않다. 일주일 휴가 중 2~3일 가족과 보내고 나면 가족들도 아빠의 회사 행을 당연한 것으로 여긴다. 심지어 가서 돈 벌어오라고 등을 떠밀기도 한다. 남편의 마음이 이미 회사를 향해 있음을 아는 아내들의 전략이다.

유명 인사들의 신문 인터뷰에 빠지지 않는 것이 있다.

'가족들의 든든한 지원이 있어 자신의 일에 전념할 수 있었다.' 아내(남편)에게 항상 고맙고 미안하다. 바깥일에 신경 쓰다 보니 가족들에게 소홀했고 일일이 신경 쓰지 못했는데 자식들이 잘 자라주어서…' '아내가 집안일을 도맡아 주었기에 내 일만을 할 수 있었다.' IMF를 지나면서 가장의 직장은 아내와 자식들에게 보이지 않는 든든한 배경으로 다시 자리매김 하게 된다. 즉, 가장의 위치와 자신의 위치가 동치(同値) 되는 것이다.

몽고군의 침입을 삼십년간이나 막아낸 고려의 저력은 부인네 들이 전해준 주먹밥에서 나왔고 임진왜란 때 일본군을 통쾌하게 몰아낸 행주대첩은 부인들이 운반해 온 행주치마의 짱돌에서 나왔다. 주먹밥과 짱돌을 나르지는 않아도 발전소 부인네들은 남편이 출근할 때 마음만은 같이 출근한다.

## 바. 동료를 식구로 대접하는 등의 서로 챙겨주는 정이 흐른다.

학교에서 선생 노릇을 시작하고부터 학생들이 강의실에 잘 나타나는가에 관심이 간다. 요즈음에야 전자 카드가 일상화 되어 학생들의 출결이 바로 확인되지만 옛날은 어땠을까.

조선시대 성균관에서는 아침과 저녁 식사 때 밥 먹은 횟수로 출석 확인을 했다. 식당에서 밥을 먹은 횟수는 한 사람의 인생에도 영향을 미쳤다. 바로 밥 그릇 수에 따라 과거 시험 응시 자격을 부여 했던 것. 성균관 정원 200명 중 과거 응시자격은 100명. 이 한정된 응시생 숫자 때문에 어처구니없는 일도 벌어 졌으니 '장유유서'를 존중하는 조선의 선비사회의 구조상 나이 어린 이는 출석확인을 할 수도 없는 노릇. 할 수 없이 밥도 굶었다 하지 않던가?

왜 유학의 전성기였던 조선시대에 과거 응시자격을 밥 먹은 그릇 수로 주었는가? 다른 수단도 많았을 터인데 왜 밥인가? 밥은 우리에게 어떠한 의미가 있는가.

우리의 전통적인 인사말에 '진지 드셨습니까?'가 있다. 요즈음도 점심이나 저녁때를 지나 사람들을 만나면 대게 '밥은 먹었느냐'로 인사를 대신한다. 여기서도 밥이 주제다. 한국인 특유의 '식구'라는 개념은 가족의 개념과는 차이가 있다. '같은 집에 살며 밥 한 끼를 나누는' 식구의 개념은 종종 가족의 범위를 넘어 같은 직장에 근무하는 동료나 심지어 상사를 포함하기도 한다. 한국에서 사람과 친해지려면 밥을 나누어야 한다. 밥상을 사이에 두고 기울이는 작은 소주 한잔에서 사람들은 비로소 자기의 속내를 털어낸다. 그간의 서운함, 아쉬움이 한 끼의 밥으로 정화되는 것이다.

직장에 새로 들어온 신입사원을 환영하면서 선배들이 후배에게, '한 식구가 되었으니 잘 지내자' 라고 흔히 말한다. '같이 일 잘하자'가 아닌 '식구처럼 지내자'가 주는 반김의 언사는 얼핏 공과 사를 정확히 구별하지 못하는 것으로 비춰지기도 한다.

한국인의 사고체계가 조직적이지 않은 것처럼 보이는 것도 이러한 식구의 개념과 무관하지 않다. 식구 간에는 내 것과 네 것이 명확하게 구분되지 않는다. 밥상을 차릴 때도 밥은 식구 수대로 밥그릇에 담겨 나오지만 '찌개'와 같은 공동 음식은 커다란 냄비에 담겨 차려진다. 식구들이라면 자기의 숟가락으로 음식을 퍼먹는 것에 거리낌이 없다. 이것이 식구다. 같은 그릇에 담긴 음식을 각자의 숟가락으로 퍼먹는 관계. 그래서 가족 간의 관계가 과거와 같이 끈끈하지 하지 않다고 느끼는 요즈음, 텔레비전에서는 음식을 나누는 식구의 모습이 자주 나온다.

원자력발전소는 핵연료의 힘으로 돌아가고 이를 돌리는 사람은 밥힘로 돌아간다. 밤새 발전소에서 일하고 아침에 나와 같이 먹는 해장국 한 그릇에서 무슨 정인들 아니 생길까. 직장 초년병 시절 찌개를 같이 퍼먹던 동료들이 그립다.

총각시절 고리 원전에서 근무할 때의 일이다. 내가 첫 직장인 한전에서 기초교육을 받고 배치된 첫 부임지는 '고리원자력발전소'. 난생 처음 부산 생활이 시작되었고, 몇 번의 시행착오를 거쳐 주인아주머니 손 맛 좋기로 유명한 하숙집을 운 좋게 구해 세 명의 친구들과 문간방 손님 생활을 시작했다.

어느 일요일 모처럼 늦잠을 자고 있노라니 '찍이라'라는 여자의 절규가 들려왔다. 하숙집 주인아주머니가 모처럼 집에 있는 아저씨와 싸움을 하는 거다. 같이 사는 시어머니 (사실 하숙집 밥맛은 이 할머니 손에서 나왔다)가 아무리 말려도 이 '찍이라'는 계속되었고, 총각 하숙생들은 방문 밖에서 들려오는 아주머니의 악쓰는 소리만 마음 조리며, 한편으로는 흥미진진하게 듣고 있을 수밖에 없었다.

우리는 그날 하숙집에서 살인이라도 나는 줄 알았다. 헌데 재미있는 것은 이 아저씨와 아줌마가 얼마 뒤 웃으며 같이 밥을 먹고 있는 거다. 참 이상도 하지. 아저씨가 분에 못 이겨 아줌마의 뺨을 한대 갈긴 것 같은데(이건 보지 못했다), 이런 연고로 '찍이라'가 시작되었을 텐데 부부가 밥상머리를 앞에 두고 웃고 있다니. 총각들은 참 이해하기 힘들었다.

나이를 들어 나도 결혼을 하고 나니 이 상황이 좀 이해가 가기도 한다. 남녀 사이란, 특히 부부 사이란 이런 것이 아니겠는가? 애증과 원망, 경멸을 퍼 붓다가도 금새 식탁에 앉아 냄비에 담긴 김치찌개를 퍼먹는 이들. 자고로 음과 양이 만나는 남녀의 관계야 말로 장마철 하늘 마냥 변화무쌍한 것이지만 이 역동적 과정을 차분히 가라앉게 하는 것은 한 그릇의 밥과 같이 퍼먹는 찌개다.

어느 사회든 살다 보면 먼지가 일고, 구름도 끼게 마련이다. 식구란 이를 씻어내는 정화체제를 갖춘 단위이다. 정화가 없이 어떻게 맑은 날을 다시 볼 수 있겠는가? 나는 조직 내의 갈등과 충돌은 우리가 가진 고유한 정화 체제를 통해 해소된다고 생각한다. 충돌과 화해가 없이는 직장 내에서 쌓여가는 잔류응력, 즉 인간 간의 갈등은 풀길이 없어진다. 별별 문제가 많은 듯 보여도 비교적 건전한 질서와 보살핌의 사회성이 유지되는 것 자체도 또 하나의 특질이다.

나는 이러한 한국인의 특질이 원자력종사자들 아니 산업 전반에 분명히 존재한다고 생각한다.

감정적인 격돌과 충돌이 '딱딱한 씻김 의식'이라면, 밥을 나누는 것은 직장 동료를 식구로 만드는 '말랑말랑한 씻김 의식'이다. 그래서 밥 같이 먹는 의식이 중요한 것이다.

또한 식구는 사고의 체계가 동화(同化))되었다는 상호인식의 틀 속에서도 존재한다. 쉽게 얘기해서 전라도에 사는 갑돌이가 말하는 '거시기'를 '집이 있는 강아지'라고 받아들이는 갑순이는 같은 식구이다. 하지만 무슨 말을 하는 건지 도통 이해하지 못하는 관계는 식구일 수 없다. 이 경우 '말하는 사람'과 '듣는 사람'은 서로 다른 객체이지만 하나의 인식체계를 공유하는 하나와 같은 존재다. 자못 무질서하고 체계가 없는 듯 보이는 이 관계가 실은 가장 체계화 되고 그 체계조차를 일상으로 끌어들인 궁극의 관계라는데 식구라는 단어는 우리에게 깊은 감동으로 다가오는 것이다.

좋은 팀은 얘기가 필요 없다. 얘기하기 전에 스스로의 필요를 파악하고 실행하는 능력은 좋은 팀의 필수적 요소이다. 이러다 보니 사소한 사항은 정리가 되지 않고 넘어가기도 한다. 자기가 개선한 자그마한 사항도 꼼꼼히 기록하는 일본인과는 다르게 웬만한 일은 기록하지 않고 넘어간다. 사실 남에게 보여주기 싫다거나 귀찮아서 라기보다는 이 정도는 남들도 다 알거라는 지레짐작에 의한 것이다. 정작 어느 누군가는 이 정리된 결과가 절실히 필요했었는데도 말이다.

## 5. 설문 결과를 분석하다

설문에 응한 대상의 연령은 30대부터 50대 까지 고루 분포되었고 한수원을 중심으로 KPS, KEPCO E&C, 한전 등 원자력그룹사 전반에 걸쳐 조사되었다. 그럼에도 불구하고 설문의 결과가 비교적 상식적인 선에서 모아진 요인은 어디에 있는 것일까?

### 가. 한국인의 의식구조와 가정교육에서 답을 구하다.

우리나라 사람들의 특질을 다룬 일련의 책 중에 이규태의 책은 독특하고도 많은 것을 생각하게 한다. 이규태는 일련의 '한국인의 의식구조' 시리즈 저서들[18)]에서 우리민족의 특질과 특성을 다음과 같이 기술하고 있다.

'한국인에게는 세계가 주목할 만한 긍정적인 의식구조가 많다. 타인을 배려하는 따뜻한 정, 외세에 굴복하지 않았던 도도한 선비정신, 끈기 있는 깡, 그리고 무한한 잠재의식이 그것이다.'

이규태의 분석은 명쾌하다. 하지만 이와 같은 분석이 원자력발전소 종사자의 의식을 모두 정의할 수는 없을 것 같다. 필자는 이러한 설문결과가 나온 요인을 찾기 위해 며칠을 고민했다. '왜 상식선의 설문결과가 얻어졌을까?' 그러다가 우연히 서가에 꽂힌 '한국인의 가훈[19)]'이란 오래된 책 한권을 꺼내 보게 되었다. 그리고 우리의 원자

---

18) 이규태, 선비의 의식구조・한국인의 의식구조・서민의 의식구조・한국인의 힘, 신원문화사

19) 손인주, 이원호, 한국인의 가훈, 문음사, 이하 월간중앙 기사를 본 저서에서 재인용

력발전소가 세계와 경쟁할 수 있게 된 것이 바로 부모로 부터의 '인성 교육'에 의한 것이었음을 알게 되었다. 유레카라도 외치고 싶은 심정이었다.

1979년 '월간중앙' 5월호에 개제된 '우리 집 가훈, 남기고 싶은 가훈'에 따르면 그 시대의 한국인들에게 보편적이었던 가훈은 다음의 열다섯 가지 유형으로 분류할 수 있다.

| 끈기와 노력 | 정직 | 화목 | 근검(勤儉) | 성실 |
|---|---|---|---|---|
| 사랑과 경애(敬愛) | 관용 | 신의(信義) | 명랑 | 겸허(謙虛) |
| 효도 | 신중과신독(愼重과 愼獨) | 봉사 | 안분자립(安分自立) | 자활과 협동(自活과 協同) |

위의 가훈을 다시 새겨보면, 자녀들이 부모에게 극진히 효도하는 가정, 서로 돕고 화목하면서 힘을 모아 일하도록 교육하는 가정, 무엇보다도 성실하게 세상을 살아가려는 정신이 뚜렷하게 서 있는 가정을 목표로 하고 있다. 집안 어른이 자손들에게 가훈에 담겨진 의미와 내용을 설명해 주면 가정의 정도(正道)는 물론 인격과 가치관 형성을 위한 인간의 기본 교육이 언제든 가능한 것이다.

귀에 못이 박히도록 받아온 집안에서의 인간 교육이 우리의 품성을 결정하고 문화를 형성하여 오늘날 세계시장에서 당당히 겨룰 수 있는 인간으로 성장하도록 했다. 문제는 이러한 건전하고도 꼭 필요한 교육이 더 이상 이루어지고 있지 않다는 것에 있다. 인터넷 탐색을 통해 조사 해 보니 1980년대에는 가훈에 대한 저서가 총 7종 발간되었고 1990년대에는 2권 정도가 발간된 것으로 조사되었으나

2000년대 이후에는 관련 저서가 한권도 없었다. 고리타분한 주제라고 생각하여 가훈에 대해 사람들이 더 이상 관심을 기울이지 않는 것 같아 실망스럽다.

## 나. 한국인의 문화 유전자에서 답을 구하다.

원자력 산업계 종사자들의 의식에 대한 설문조사와 분석 도중에 추석을 맞아 귀향을 하게 되었다. 마침 좌석의 그물망에는 귀향객을 위한 각종 잡지가 꽂혀 있었다. 열차 내 잡지에서 본 1970년대의 귀향 모습은 지금과 사뭇 달랐다. 기차표를 사려고 서울역에 장사진을 친 사람들하며 기차를 기다리는 인파들. 콩나물시루와 같이 빼곡한 사람들 때문에 움직일 공간조차 없는 열차 내에서 체면 불구하고 메리아스 바람에 서있는 사람들에 이르기 까지, 모두 고향에 대한 기대로 힘든 기색이 없었다. 선풍기가 고작인 객실의 선반에는 고향의 부모형제에게 전해 줄 선물 꾸러미가 실리고 아이들은 부모의 무릎에 안겨 소록소록 잠을 자고 있는 어렵던 시절의 정겨운 사진 몇 장이었다. 몇 쪽을 넘겨가며 기사를 읽고 있는 중에 '한국인의 피에는 어떤 유전자가 흐르고 있을까'에 대한 조사 결과를 발견했다.

문화체육관광부와 한국국학진흥원이 2012년에 주목할 한국인의 문화유전자 10개를 꼽았다. 전문가와 일반인을 대상으로 한 설문조사결과 다음과 같은 유전자 순위와 간단한 설명이 추가되었다.[20)]

- 첫 번째 유전자는 흥과 신명이었다. 싸이의 강남스타일이 세계를 사로잡은 것은 우리민족의 흥과 신명의 결과였다.

---

20) 문화체육관광부, 2012 추석 고향가는 길에서 인용

- 두 번째 유전자는 끈기와 인내였다. 환풍기 수리공 출신의 중졸가수 허각이 슈퍼스타-K에서 우승하고 7전 8기의 권투 선수 홍수환이 있었던 것은 민족고유의 끈기와 인내의 결과였다.
- 세 번째 유전자는 정과 나눔이었다. 이사를 오면 떡을 돌리고, 명절 때가 되면 이웃과 정을 나누는 나라, 전대미문의 금 모으기 운동으로 경제난을 극복한 나라가 대한민국이다.
- 네 번째 유전자는 해학과 여유였다. 한국인 특유의 한(恨)의 정서를 해학으로 풀어냈다.
- 다섯 번째 유전자는 발효와 숙성이었다. 세계가 주목하는 건강식품 김치와 된장은 단기간에 완성되지 않는다.
- 여섯 번째 유전자는 예의와 선비정신이 차지했다.
- 일곱 번째 유전자는 역동성과 열정이었다. 붉은 악마와 IT 기술과 초고속 인터넷은 빨리 빨리의 정신이 만들어낸 또 다른 역동성이다.
- 여덟 번째 유전자는 공동체 문화였다, 한국인이 유난히 많이 사용하는 '우리'라는 말에는 공동체적인 함의가 담겨있다.
- 아홉 번째 유전자는 어울림과 조화였다. 마당극에는 배우와 관객의 경계가 없다. 무대와 객석사이의 경계도 없다. 어울림의 장이 형성된다.
- 열 번째 유전자는 자연스러움이었다. 친환경 자연주의 라이프 스타일의 유행은 이러한 우리의 유전자가 발현된 결과이다.

여러분은 이 조사결과에 얼마나 동의하시는지. 원자력산업이 이룬 성과가 한국인의 유전자에 의한 것으로 생각되지는 않으시는지. 과연 한국인의 유전자는 '이기적 유전자'[21)]의 한 형태인가? 이기적 존재인 유전자는 상호협력을 통해 집단 전체의 이익을 꾀하는 것이 각 개체의 최선의 이익이 되는 것이기 때문에 이기성과 함께 이타성도 함께 지니고 있는 것인가? 나는 찰스 다윈의 '진화론'을 절대적으로 신봉하지는 않는다. 그리고 우리의 유전자는 특히 문화적인 유전자는 '이기적이나 이타적'만으로 표현할 수 없는 독특함이 있다고 생각한다. 전 세계에서 우리와 같이 생각하고 느끼고 행동하는 종족이 또 있을 것 같지 않기 때문이다.

1990년대를 지나면서 전통적인 가정교육이 힘을 잃고 있다. 이에 따라 '나의 발전이 곧 사회와 국가의 발전에 이른다'는 전통적 개념도 희박해져 간다. 이러한 사실은 원자력계에 물밀 듯 몰려들고 있는 신입사원을 맞이하는 우리에게 새로운 접근법을 요구한다. 그들에게는 전통적인 덕목보다는 새로운 시대의 참신함이 더 호소력이 있는 것이다. 전통의 바탕 위에 젊은이들에게 새롭게 형성된 21세기형 한국인의 문화유전자도 찾아봐야 하지 않을까?

### 다. **역사적** 전통에서 답을 구하다.

유교문화는 고려 말부터 조선조에 이르기까지 600년을 이어온 우리의 정신세계다. 유교 이전에 불교가 있었고, 유교 이후 현재를 살아가는 우리에게는 기독교적인 영향도 무척 강하다. 하지만 불교는 유교에 가려 조선조를 지나는 동안 민중의 정신세계에 거의 영향을 주지 못했고, 기독교는 1960년대 이후에 급격히 민중에게 퍼지기 시작한 관계로 정신적 기반을 우리들에게 뿌리내리지는 못하고 있다. 그렇다면 우리의 정신세계는 아직도 유교적인 세계에서 시작되고 있

---

21) Rechard Dawkins, The Selfish Gene, 을유문화사

다고 얘기할 수 있다.

또 하나의 특징은 유교 문화권에는 영과 육을 나누어 생각하는 이원론적 사고방식이 뿌리 깊게 형성되어 있지 않다는 것이다. 공자도 말씀하신 바와 같이 유교는 종교적 색채를 배제한다. 사람이 죽으면 혼과 백은 서로 분리되는데, 백은 금방 차가워져 썩어 버리니 바로 땅에 묻지만, 기(氣) 덩어리인 혼의 밀도가 높으므로 바로 흩어지지 않고 약 4대 동안에 걸쳐 서서히 흩어지니 이를 기릴 뿐인 것이다. 과거 선비 가옥의 가장 높은 자리에 위치했던 사당에도 4대 이전의 위패는 모시지 않았다. 이렇듯 유교문화는 윤회니 천국과 지옥이니 하는 사후세계에 대한 개념이 희박하다. 따라서 내세보다는 현세에서의 안위와 복락을 강조할 뿐이다.

지금도 입시철이 되면 절이며 교회에는 자식의 합격을 비는 어머니들의 기원이 가득 하다. 지나고 보면 공연한 짓을 했다고 생각하는 이 들도 있겠지만 그만큼 절실한 것이다. 들은 얘기다. 입시 날이 다가오자 엄마는 딸 합격을 빈다고 팔공산 갓 바위로 이모와 함께 빌러갔고 시험 당일까지 돌아오지 않았다. 막상 시험 당일이 되자 아이는 아침도 못 얻어먹고 도시락도 없이 시험장에 갔다. 기원이 통했는지 아니면 좋지 않은 영향을 미쳤는지는 듣지 못했지만, 유교의 영향권에서 살아온 한국인들에게는 종교조차도 현세의 복을 위해 의지하는 기복정신이 강한 것만은 틀림없다.

현세에서의 삶만을 강조하다보면 자칫 인간의 고귀한 품성이 약해질 수 있다. 이를 바르게 세우고 올바른 인간성을 형성토록 한 것이 바로 군자론이고, 조선시대의 선비의 의식구조였다. 남송에서 신유학 운동을 벌인 주자는 금나라 오랑캐에 의해 국토의 많은 부분이 잠식된 나라의 국권을 회복하고 영토를 수복할 수 있는 생활규범으로서의 유교 즉, 정신적 운동이 필요했다. 이는 사서삼경으로 대표되는 유학의 경전 편집으로 나타났다. 주자는 향약과 서원 운동을 장려했으며, 이 정신은 송시열로 대표되는 조선의 보수적 성리학의 전통으로 이어졌다. 사실 조선 후기의 성리학은 주자의 신유학운동의 교조적인 측면이 강했다. 조선 유학의 부정적 측면은 성리학적인 보수성과 주자를 길러낸 중국에 대한 사대주의 사상에서 나왔다고 해도 과언이 아니다.

어느 시대 어느 철학적 바탕도 인간이 만든 이상, 인간이 살아가는 방법을 얘기하는 지혜의 모음일 뿐이다.

과연 유교적 정신세계는 21세기를 살아가는 우리들에게 어떠한 영향을 미치고 있는 것일까? 위에서 다뤘던 각 설문 문항별로 조사된 의견들과 전통적인 정신세계로부터 직, 간접적으로 영향 받으며 살아가는 사람들의 행태를 비교해 보면 매우 유사하다는 것을 느낄 수 있다.

유교적 정신세계는 개인의 근면성을 강조하고 사람간의 신뢰를 우선시 한다. 특히 체면을 중시하는 속성이 있어 상대방이 싫어하는 것을 가급적 피하는 경향이 있다. 유교문화는 집단을 강조한다. 그렇지만 집단주의적 성격과 조직을 우선시 하는 행태와는 다르다. 유교의 궁극적인 관심은 인간의 본성을 계발하는 데 있으며 이러한 본성의 계발에 조직이나 사회가 중요하다는 것을 인정할 따름이다. 이외에도 물질적인 '부'에 큰 의미를 부여하지 않는 것이라든지, 직업의 귀천 여부 보다는 일의 성격이 의로운 것인가의 여부를 중시하는 것 등도 우리에게 큰 영향을 미치는 특성으로 판단된다.

형식주의도 우리에게 영향을 미친 유교적인 의식구조이다. 다만 공자가 정신적인 형식주의를 강조한데 반해 허례허식만이 강조된 절차적 형식주의가 만연하고 있는 것은 고쳐야할 점으로 판단된다, 공자가 강조하는 것은 형식적인 절차나 체면보다 진실과 근본이었다.

다음으로는 권위주의와 보수성을 들 수 있다. 하지만 맹자의 말에 '백성이 중하고 사직은 그 다음이고, 임금이 가장 가벼운 것이다(民爲貴 社稷次之 君爲輕) 그렇기 때문에 밭일하는 백성들의 마음에 들게 되면 천자가 되고, 천자의 마음에 들면 제후가 되고, 제후의 마음에 들면 대부가 된다'[22] 라고 기술하고 있는 것은 보수적인 입장에서 상하의 복정적인 질서만을 강조한 것은 아니다. 오히려 직책에 따라 전문적 권위가 부여됨을 강조한다.

군자는 전문가가 아니다

'군자에게는 생각해야 할 아홉 가지가 있다. 볼 때는 분명하게 볼 것을 생각하고, 들을 때는 똑똑히 들을 것을 생각하고, 얼굴 빛이 온화한지를 생각하고, 몸 가짐은 공손한지를 생각하고, 말은 진실할 것을 생각하고, 일은 경건하게 할 것을 생각하고, 의심나면 물어볼 것을 생각하고, 분할 때는 나중에 어려운 일을 당할 것을 생각하고, 이익을 얻었을 때는 의로운지를 생각한다(君子有九思 視思明 聽思聰 色思溫 貌思恭 言思忠 事思敬 疑思問 忿思難 見得思義).'[23]

22) 孟子, 盡心下 民爲貴一章 第十四, 명륜당
23) 論語 · 季氏第十六

## 6. 밖에서 본 우리는 어떠한 모습일까?

본 항목에 대한 설문조사 결과에 대해 곰곰이 생각하다가 외국인은 과연 우리를 어떻게 생각하고 있고, 우리에게 내재된 동력을 어떻게 느끼고 있는지를 알고 싶어 졌다. 마침 미국 버지니아주 패어팩스에 위치한 조지메이슨대학교(GMU)에 학생들을 인솔할 기회를 갖게 되어 우리를 알고 있는 다양한 분야의 사람들과 얘기할 기회를 갖게 되었다. 이 지면을 빌어 내 시야를 넓혀준 모든 분들께 감사드린다.

### 가. '같이 갑시다'의 문화를 가진 나라

마크 트라우트만(Mark Troutman) 박사는 조지메이슨 대학의 운영과 안전부서의 부 책임자다. 미 육군 대령 출신으로 2001년부터 2004년까지 포천에서 근무했던, 한국을 제2의 고향이라고 부르는 사람이다. 한국 김치 종류가 130가지나 되고 한국 근무 중에는 김치를 먹고 집에 들어가는 날이 많아 부인으로부터 핀잔도 많이 들었다는 이다. 이 사람에게 한국인에게 정을 느낄 때가 언제 였는가를 물었다. 돌아 온 대답은 간단했다. 우리말로 '같이 갑시다.' 다음은 그가 느낀 한국과 한국인이다.

"아시아 지역의 근무 경력이 없던 내가 가족을 동반하고 일본 나리따 공항을 경유하여 한국으로 오는 비행기를 탔을 때 사실 걱정이 앞섰다. 한국 근무 경험이 있는 동료에게서 간혹 한국의 경제발전과 다정다감한 사람들에 대해 듣기는 했지만 이따금 들려오는 남북관계 악화 등의 뉴스로 인해 결코 근무지로 선호되는 곳은 아니었기 때문이다. 하지만 나와 아내가 한국을 좋아하기 까지는 오랜 시간이 걸리지 않았다. 초기 근무계약 기간인 2년이 끝나고 기간 연장을 아내와 상의 했을 때, 아내의 대답은 물론 '예스'였다.

병참 부대장으로 근무하던 내가 지휘하던 병력 1,600여 명 중에는 카투사 (한국군 미군지원단) 병사 32명도 있었다. 다들 높은 학력과 영어소통이 가능한 엘리트였다. 나는 곧 카투사 사병 한명을 운전병으로 선임했고, 그가 아니면 군대차를 타지 않을 만큼 깊이 신뢰했다. 내 운전병을 중심으로 한국인 사병들과 나의 관계는 돈독해져만 갔다. 병사들은 면회 온 가족들을 내게 소개해 주었고 외박을 갈 때면 지휘관인 나를 그들의 집으로 초대해 주었다. 그들이 나를 초대할 때 한 말 한마디. '같이 갑시다'. 병사들은 내게 늘 새로운 김치를 맛보게 해주었다. 내가 김치의 이름을 외우는데 소질이 없다는 것을 알게 되자 카투사 병사들은 김치에 번호를 붙여 소개해 주었다. 김치를 먹고 집에 들어가는 날이면 아내는 코를 틀어막고는 내게 물어 보았다.

'몇 번 김치야?'

한국의 김치 종류는 너무도 많았다. 김치를 먹을 때마다 이전의 맛을 가진 것을 찾기는 힘들었다. 나는 병사들과 130여 번 까지 번호를 매기다 그만 두었다. 더 이상 분류할 엄두가 나지 않았다.

DMZ를 지키는 부대들에게 병참을 제공하는 업무의 특성상 나는 서울부터 부산까지 늘 기차를 타고 다녔다. 부산에서 하역되는 물자들을 검수해야 했기 때문이다. KTX 건설공사가 진행되는 모습은 많이 보았지만 정작 고속 열차가 완공되기 전에 한국을 떠났기 때문에 늘 새마을호로 이동해야 했다. 기차의 차창으로 바라보는 한국의 전경은 아름다웠고, 늘 바뀌어 갔다. 한국은 내게 또 하나의 집이었다."

마크에게 카투사 병사들과 김치를 먹으러 돌아다닌 곳이 어디인지는 묻지 않았다. 아마도 마크는 김치보다도 어디든지 자신과 함께하고 싶었고 무엇이든 소개해 주고 싶어 했던 한국군 병사의 변함없는 '정' 때문에 김치마저도 좋아했을 것이다.

인터넷에 '같이 갑시다'를 검색어로 넣어보니 다음과 같은 기사가 떠올랐다.

'그의 연설은 우리말로 "감사합니다."로 시작해 "같이 갑시다."로 끝났다. 2012년 4월 서울에서 열린 핵 안보 정상회의에 참석하기 위해 한국에 온 버락 오바마 미국 대통령이 26일 오전 한국외국어대학교에서 행한 특별 연설에서도 미국인들이 '같이 갑시다'라는 말에서 깊은 정을 느끼는 듯 했다.'

미 8군 사령관이 2011년 10월 어느 날 '국제 마라톤대회'의 축사에서 '같이 갑시다'를 참가자들에게 외쳐 뜨거운 박수를 받았다는 내용도 눈에 띄었다. '같이 갑시다.'의 정신은 공동체를 이루며 살아온 우리를 움직이는 힘이고 미국 사람들에게는 생소하기만 한, 언제나 꺼내 쓸 수 있는 우리들의 에너지였던 것이다.

마크에게 한국을 발전시킨 동력은 어디에 있을까를 경제 전문가의 입장에서 얘기해 달라고 부탁했다. 마크는 한국인의 교육열과, 가능성 있는 사업을 발굴하고 과감하게 투자하는 집중력, 수출 드라이브 정책의 성공 세 가지를 들었다. 특히 교육은 과다할 정도로 심한 경쟁과 그 이면에 내재된 문제점도 얘기해 줬다. 그러면서 자신이 한국에 있었을 때 느꼈던 한국인의 '관대함'도 얘기했다.

인터뷰를 마치고 나서, 마크가 느꼈던 한국인의 '관대함'을 2012년 선거에서 국회의원이 된 '이자스민'도 느꼈을까 생각해 봤다. 필리핀에서 온 결혼 이민자인 그녀가 비례대표로 국회의원이 된 후, 별별 악성 댓글이 인터넷 공간에 넘쳐났다. 그녀가 느꼈을 한국인에 대한 고마움을 상쇄하고도 남을 치욕이요 충격이었을 것이다. 배려하고도 남이 되게 하는 요즈음의 젊은 정서도 자못 심각하다.

요즘 농촌의 아낙 중 절반은 동남아에서 이민 온 소위 '다문화 가정'의 부인네 들이다. 나는 이 다문화라는 인식도 바꿔야 한다고 생각한다. 한국에 와서 한국인 남편과 살고 애들도 낳았는데 왜 다문화라고 구별을 하는가? 구별은 필연적으로 차별을 낳고 차별은 대립을 낳는다. 대립의 끝은 결국 갈등이고 폭력이다.

마크가 느꼈던 정과 관대함을 동남아에서 온 결혼 이민자들도 느끼고 있을까? 혹시 마크가 느낀 정서가 1945년 이후 이 땅의 많은 부분에 영향을 미치는 미국인에 대한 굴종의 결과가 아닐까 가볍게 의심하면서 내 의심이 터무니없는 것이기를 간절히 빌어본다.

## 나. Loyalty, 길거리 응원, 그리고 술값 계산

내게 한국인의 특질에 대해 얘기해준 또 하나의 인물은 한국이 외환위기를 맞아 고생하던 1998년부터 2003년까지 한국에서 생활했던 벨기에 여성, 메들린(가명)이다. 대학에서 동양-아프리카 학을 전공한 관계로 동양에 대한 관심이 컸고 석사학위 지도교수의 권유로 일본 오사카에 홀홀 단신 건너 왔다는 당찬 이다. 그의 한국 생활을 들어보자.

“형식화되고 규격화된 일본에서의 생활에 나는 전혀 만족할 수 없었다. 무작정 가장 가까운 한국으로 발길을 옮겨 아르바이트 삼아 얻은 직장이 한국의 무역회사 사무실. 거기서 처음 한 일은 사장의 커피 심부름이었다. 사실 말이 무역회사지 가족과 친인척이 회사를 운영했던 소규모 오퍼상인데 사장이 퇴근하기 전까지는 누구도 퇴근하지 못하고 사무실 청소는 당연히 말단인 자신이 맡아야 했던, 정말 이해하기 힘든 문화였다.

얼마의 시간이 지나자 나는 가장 먼저 해야 할 일을 알게 되었다. 바로 이들의 가족이 되는 것. 다행히 이들과 동화되려고 노력하는 자신을 또 하나의 가족으로 맞아준 직원들 덕에 이후의 생활은 그리 힘들지 않았다. 그들과의 생활은 한국의 문화와 특히 음식을 이해하고 좋아하는데 큰 도움이 되었다. 딱 하나 아주 견디기 힘든 것이 있었는데 바로 노래방에서 노래시키는 문화. 노래엔 전혀 소질이 없었기 때문이다.

이들과 함께 생활하고 밥을 먹으면서 나의 한식에 대한 사랑은 깊어만 갔다. 오죽 했으면 한식을 좋아하는 외국인을 찾지 못해 결혼까지 미뤘으니 말이다. 한국과 네덜란드가 하멜 200주년을 준비하던 2000년. 나는 주한 네덜란드 대사관에서 독일어가 가능한 직원을 채용한다는 것을 알게 되었다. 네덜란드에서 대학을 다녀 독일어 발음이 원어민 수준이었던 나는 비록 떠듬떠듬 이어가는 실력이기는 했지만 한국어 기초 실력까지 인정받아 대사관에 채용될 수 있었다. 나는 정말 한국을 사랑했다.

내 결혼도 한국을 매체로 이루어졌다. 인천공항에서 미국으로 떠나는 비행기를 기다리고 있을 때였다. 같은 비행기를 기다리는 미군 장교와 이런 얘기 저런 얘기를 나누며 시간을 때우고 있었다. 주제는 자연스럽게도 한국에서의 생활과 한국의 매운 음식으로 이어졌다. 그 때 우리 사이에 밝은 빛 하나가 반짝였다. 바로 이 남자가 한식을 매우 좋아한다는 것이 아닌가. 그 말을 듣는 순간, 나는 이 남자가 무척 사랑스러워졌다."

그녀는 우리 음식을 좋아하는 미군 장교를 만나 결혼에 골인하게 되는 참으로 낭만적인 이야기도 들려주었다. 결국 한식을 한 밥상에서 먹을 수 있는 남편을 따라 한국에서 미국 땅까지 또 다시 옮겨온 그녀는 삼계탕을 너무도 좋아하지만 워싱턴DC 지역에서는 고려 인삼을 넣고 푹 익혀주는 맛있는 삼계탕 집을 찾지 못했단다. 보신탕만 빼 놓고는 모든 한국음식을 다 좋아한다는 이 분. 부대고기 찌개라도 끓여 줘야겠다.

그녀에게 한국인에 대해 물었다. 한국인의 특질은 무엇인가. 서슴지 않고 나오는 대답. 한국인에게는 loyalty가 있다. IMF 때 여인의 손가락을 빠져나간 금반지가 나라 사랑을 대변한다. 두 번째 한국은 잠을 자지 않는다. 동대문을 가보라. 밤새 환한 불이 시장을 밝힌다. 여인네들이 밤거리를 돌아다녀도 안전한 대도시는 지구상에 몇 되지 않는다고 얘기한다. 세 번째는 길거리 응원이다. 모두 다 빨간 티셔츠를 입고 목이 터져라 응원한다. 우리에게 집단화 정서가 있는 것 같다고도 얘기한다. 그러면서 광화문 광장에 모인 그 많은 관중들의 열렬한 응원과 응원이 끝난 후 거리를 깨끗하게 치우는 자발적인 사람들의 모습에서 큰 감명을 받았다는 얘기도 빼 놓지 않는다. 네 번째는 여럿이 식당에 가거나 술을 마실 때에도 꼭 한 사람이 계산하는 문화가 존재한다는 것이라고 했다. 술집 카운터에서 누가 돈을 내느냐를 가지고 실랑이를 벌이는 나라는 유럽에는 없단다.

## 다. 우리가 밖에서 본 우리들의 모습

2012년 여름. GMU 측에서 만찬을 준비하고 시스템즈 엔지니어링의 위탁교육을 받으러 온 우리를 초대하였다. 행사 전에 진행을 담당한 Keith Bushey씨에 의해 전달된 내용으로는 이 학교의 Provost[24]와 연구 부총장 뿐만 아니라 워싱턴 DC와 볼티모어일대의 한인사회에서 활동하는 핵심적인 인사들까지 만날 수 있다고 해서 기대가 컸다. GMU 내의 호텔에서 만찬이 시작되었고 학교 측 인사들의 환영사와 학생들에게 보내는 격려가 이어졌다. 이어 초청 인사인 한인사회 주요 인사들의 인사말이 있었다.

그들은 자신들이 보고 자란, 몸으로 이뤄낸 이민 1세대의 모습을 생생히 증언했고 이민 1.5세대가 주도하는 현재의 미국 내 한인 사회의 모습도 진지하게 설명하였다. 그 바쁜 일정 속에서도 우리나라의 희망인 KINGS 학생들을 보기 위해 GMU 캠퍼스까지 한 걸음에 달려온 한국인의 피와 열정은 우리에게 고스란히 전달되었다. 무언가 보고, 만지고, 두들겨 봐야 직성이 풀리는 한민족은 그렇게 미국의 중심 속에서 희망과 열정을 찾고 있었다.

특히 워싱턴 지역 한인회장인 최정범씨의 말씀은 나와 학생들을 고무시키기에 충분했다. KBS 월드에도 출연한 적이 있는 최회장은 한국인은 근면과 성실함 위에 혁신과 독창성을 아울러 가져야 할 것이라고 강조했다. 우리가 국제사회의 주역이 되기 위해서는 학생들이 전통적인 미덕 위에 세계인을 이끌 수 있는 리더십을 겸비해야 할 필요가 있다는 것도 강조했다. 그의 간결하고 과장됨이 없는 언어가 주는 울림과 파장은 매우 컸다.

---

24) 우리나라 대학의 수석 학장급

식사 도중 듣게 된 미국에서 사는 한국인들의 모습에서는 이제는 이 땅의 우리가 잊어 가고 있는 우리의 가족문화에 대해서도 생각할 수 있었다. 우리는 정작 잊고 있던 부모와 자식, 그리고 세대를 이은 끈끈한 정(情)의 세계를 확인하였다. 그 들은 매주 부모님을 찾고 식사를 나눈다. 나누는 정은 크다. 밥을 나누고 정을 나눈다. 그리고 한 뿌리임을 다시 기억하고 있었다.

정작 고국에서는 부모님을 찾는 다는 것이 연중행사가 되어 버렸지만, 부모들의 고단했던 미국 개척 생활을 직접 체험한 그들에게, 부모는 부모 이상의 용기 있는 멘토였을 것이다. 그래서 그들은 이 땅에서 1.5세대를 지나 2세 3세로 한국의 전통적인 가족 관계를 이어가고 있는 것이 아닐까?

## 마음이 가는 곳

시월의 좁은 농로 옆에 누렇게 익어있는 벼를 더욱 탐스럽게 하는 것은 온 세상을 금빛으로 바꿔놓는 늦은 오후의 햇살이다. 산책을 나선 낯선 이가 궁금해 눈앞을 어지럽게 날아다니는 날파리도 제 속을 노랗게 물들이는 햇살에 신이 난다. 멀리 어느 논에서는 콤바인이 가을을 수확하고 있다. 털털거리기도 하고 윙윙거리기도 하면서 콤바인이 지나가면 어느새 논 위에는 한여름 더위를 이긴 볏단이 수수수 소리를 내면서 휘뿌려지고 콤바인을 뒤 따르는 트럭 위에는 굵은 나락이 가득 담긴 볏 가마가 쌓인다. 모두들 하루를 열심히 살고 있다. 하지만 가을의 저녁 해는 고개 넘는 것을 망설이지 않는다. 온통 황금색이던 세상은 이제 진홍색 놀로 덧칠해진다. 그리고 해는 서쪽 고개를 서슴없이 넘어간다. 분주하던 세상이 조용해진다. 이렇게 시골의 짧은 가을 저녁은 저물어간다.

어느 농가 앞을 지난다. 주인은 무척 정갈한 사람인 모양이다. 허름한 지붕과 담장을 가진 집이지만 안팎은 깔끔히 정리되어 있다. 책상서랍 정리를 마치고 몇 번이고 서랍을 열어보면서 느끼던 뿌듯함과 같이, 그 집 마당이며 담장이며 지붕까지 흐뭇한 맘으로 눈에 담는다. '참 아름답게 사는 사람들이구나' 생각한다. 집의 낮은 굴뚝에서 파란 연기가 올라온다.

쌀쌀한 가을바람이 약하게 부는 이 시간에 아내가 솔가지를 지펴 저녁을 준비하려는 모양이다. 석양 속 굴뚝에서 피어오르는 연기는 파란 색이다. 어슴푸레 하게 변한 저녁에 참 잘 맞는 색이라고 생각한다. 하지만 그 연기의 색상에 남자는 진한 가을을 느낀다. 그리고 아린 가슴을 쓸어내린다. 곧 생각이 몰려오고 그 속에 서서히 잠겨간다. 발길은 생각과 따로 움직인다. 귓가에 무슨 소리가 들려온다.

"엄마 아빠가 빨리 들어오래! 달동네 시작해!" 날씨가 서늘한 계절 저녁에 어느 집 앞을 지나다 굴뚝에서 연기가 나는 것을 보면 항상 귓가에 맴도는 정다운 소리다.

1980년 가을, 미친 세월의 모든 포악함을 눈과 몸으로 겪은 육군 상병은 통신대의 전령이 되어 예하 대대와 청주에 있는 방공포대에 비문을 전달하는 임무를 맡는다. 계엄군. 상아탑을 군화로 짓밟으면서 주인인 학생들은 들어오지 못하게 막던 지긋지긋한 세월을 이긴 그였다. 그렇기에 가족들과 정답게 사는 모습은 눈물 나도록 가지고 싶은 것이었다. 나도 고향의 부모님과 같이 있을 수 있다면 좋을 텐데...

군복에 전령가방을 메고 버스를 내린 그는 좁은 산길을 지난다. 탄산약수로 유명한 청주 근방의 초정을 지난다.

그 때 산비탈 아래에 있는 집에서 들려오는 소리. "엄마 달동네 시작한다니까!" 딸래미의 선한 목소리가 엄마를 재촉한다. 엄마는 아마도 부엌에서 식구들의 저녁상 설거지를 하고 있었겠지.

나는 텔레비전 드라마 '달동네'를 기억하지 못한다. 누가 나오고 무슨 줄거리인지 전혀 기억하지 못한다. 군대 내무반에서도 이 드라마는 보지 않았을 것이다. 하지만 '달동네 한다니까'라는 어린 여자아이의 목소리는 삼십년이 훌쩍 지난 이 시간에도 머릿속 어느 공간에서 문뜩 나타나 내 몸을 떨리게 하고 한없는 외로움을 전해준다. 누군가에겐 정다움이 되는 말 한마디가 누군가에겐 가슴 저린 사연이 되는 이 역설을 오십이 훨씬 지난 이 시간에도 앓고 있는 것이다.

2012년 시월의 어느 날.

## 제2장

# 우리는 어떻게 살고 있는가?

# 1. 조직과 개인 생활을 묻다.

원전 그룹사에 다니는 직원들은 각자의 조직 생활과 개인 생활을 어떻게 바라보고 있는가? 이를 정확히 파악할 수 있다면 우리의 발전 방향을 바르게 설정할 수 있을 것이다. 개인이 모여 집단이 되고 집단이 모여 조직이 되기 때문이다. 먼저 한 일은 직원들을 대상으로 자신의 조직과 그 속에 위치한 자신의 생활상을 묻는 것이었다. 원전 그룹사와 건설사에서 근무하는 다양한 인사들을 대상으로 인터뷰를 진행한 결과 대략 다음과 같은 항목에 의견들이 모아졌다. 먼저 자신의 조직에 관한 내용이다.

- 동료와의 관계에서 이성적 관계보다는 감성적 관계가 앞선다.
- 직원 간의 소통 시 벽이 있음을 때로 느낀다.
- 때로 계란으로 바위를 치는 것이 낫다고 느낀다. (직장 내에 보수적이고 완고한 정서가 있다)
- 변화와 혁신을 두려워하는 정서가 있다.
- 패거리 문화가 존재한다.
- 조직의 지시에 대해 복종 보다는 자기주장이 강한 사람들이 많다. (권력보다는 권위에 복종한다)

원자력발전 산업분야의 종사자들이 가장 많이 선택한 문항을 살펴보면, '직원 간의 소통 시 벽이 있음을 때로 느낀다'에 가장 많이 공감하고 있었다.  수평적인 소통과 수직적인 소통에서 모두 어려움을 겪고 있는 이 현실은 우리가 필히 개선해야 할 문제로 인식된다.

두 번째로는 '변화와 혁신을 두려워하는 정서가 있다'가 많은 선택을 받았다. 우리는 변화와 혁신에 의해 원자력발전소의 안전성이 영향을 받는 부정적 상황을 우려해 왔다. 또한 혁신이 몰고 올 조직의 변화와 종사자들에 대한 영향도 가급적 피하고자 하는 정서가 쌓여져 왔다. 이러한 조직문화가 정착되면서 새로움에 대한 회피가 커져왔다는 점들에 모두들 공감하고 있었다.

세 번째는 '때로는 계란으로 바위를 치는 것이 낫다고 느낀다' '직장 내에 보수적이고 완고한 정서가 있다'라는 문항에 많이들 공감했다. 이는 두 번째로 많이 선택한 '변화와 혁신'에 대한 두려움에 근본적인 원인이 있는 것이 아닌가 생각된다. 네 번째는 '패거리 문화가 존재한다'였으며 이 밖에 '동료와의 관계에서 이성적 관계보다는 감성적 관계가 앞선다'와 '조직의 지시에 대해 복종 보다는 자기주장이 강한 사람들이 많다. (권력보다는 권위에 복종한다)'가 그 다음으로 선택되었다.

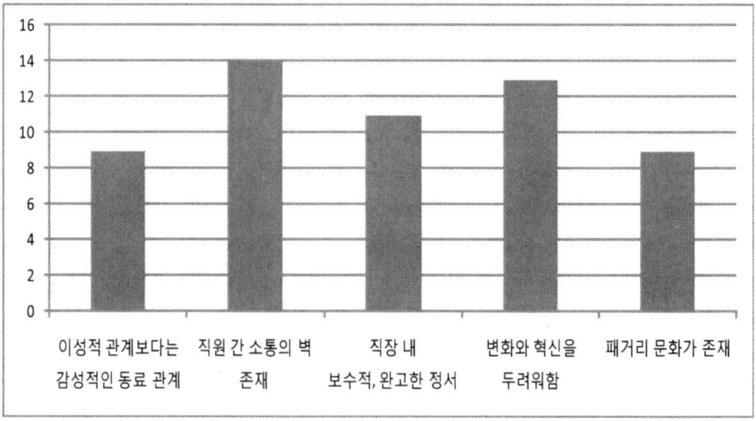

그러면 조직속의 개인은 어떤 생각을 가지고 생활하고 있는가? 다음의 내용을 살펴보자.

- 개인 보다는 조직의 발전을 우선한다.
- 자신은 현재보다 훨씬 더 나은 존재가 될 것이라고 생각한다.
- 사장이나 전무의 리더십에 의해 움직인다.
- 때로 상급자의 잘못된 지시라고 인지한 경우에도 맹목적으로 따른다.

조직 내에서 개인이 갖고 있는 생각과 행태를 조사한 결과, 자신은 현재보다 훨씬 더 나은 존재가 될 것이라고 생각한다는 문항을 가장 많이 선택 했다. 현재의 한계에 자신을 고정하지 않고 더 나은 나를 위해 노력하는 직원들의 긍정적인 모습은 우리 원자력산업의 앞날을 밝게 하는 바람직한 특성으로 보인다. '개인 보다는 조직의 발전을 우선한다'는 설문 문항도 두 번째로 높은 선택을 받았다.

이 밖에 상향식 의사결정보다는 하향식 의사결정을 따르는 '사장이나 전무의 리더십에 의해 움직인다'라는 문항은 리더의 중요성을 다시 한 번 강조하는 기회를 제공하였다. 이는 마지막 문항인 '때로 상급자의 잘못된 지시라고 인지한 경우에도 맹목적으로 따른다'와 연결되어 원자력산업에 부정적인 영향을 줄 수도 있음을 알 수 있다. 설문에 포함되지 않은 기타의견으로는 '정형화된 조직의 틀 내에서 움직이려는 경향을 가진 직원들이 대다수이다'라는 의견도 있었다.

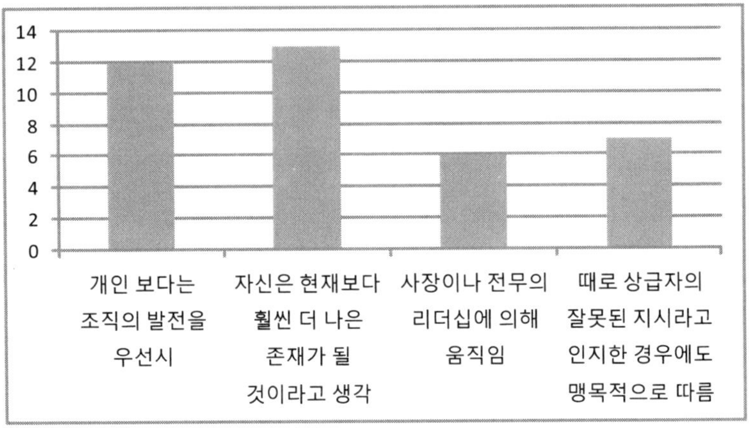


이러한 점을 고려할 때 원자력 산업체의 조직체계는 아직도 전통적인 보수성이 강하며, 이를 창의적인 조직으로 변화시키기 위해서는 점진적인 혁신이 직원들의 반발을 적게 받을 수 있음을 알 수 있다. 다만 점진적인 혁신이 지속적으로 이루어지지 않을 경우 일회성의 캠페인으로 그치는 조직의 특성도 감지할 수 있다. 과거 각 기업체에서 시작했던 혁신의 바람이 길게 이어지지 못한 요인도 여기에 있음을 짐작할 수 있다.

직원들의 선택을 많이 받은 문항을 크게 분류해 보면, 소통의 부재, 변화와 혁신에 대한 두려움, 이에 의해 만들어 지는 보수적인 조직문화, 그리고 이를 더욱 심화시키는 하향식 의사결정으로 결론지을 수 있다. 이와 같이 고치고 바로잡아야 할 사항만 있는 것은 아니다. 자신은 현재보다 더 나은 존재가 될 것이라는 직원들의 생각이야말로 우리의 앞날을 밝게 비출 또 하나 희망의 꽃이다.

자 그럼 소통부터 얘기해 보자.

## 2. 소통을 얘기한다.

퇴계 이황과 고봉 기대승이 편지를 통해 사단칠정론(四端七情論)에 대한 치열한 논쟁을 펼쳤던 기록[25]을 읽은 적이 있다. 이(理)와 기(氣)의 선후(先後) 관계와 인간의 감정의 근원을 파악하기 위한 치열한 논쟁이 십여 년간 주고받은 서로의 편지로 고스란히 남아 있었다. 우리나라 최고 권위의 유학자인 퇴계와 신진 관료인 고봉의 교류는 오늘을 사는 우리에게 진정한 권위란 어떤 것인가를 다시 생각하게 한다. 26살이나 차이나는 자식 같은 고봉에게 예를 다하여 대하는 퇴계의 모습에서 조선조 성리학적 바탕의 선비세계를 다른 시각에서 보게 한다. 이황이 기대승에게 보낸 편지의 한 조각을 읽어 보자.

'지난번 잘못을 깨우쳐 주시는 둘째 편지를 받고서, 저의 앞선 편지에서 말이 거칠고 어긋나서 형평을 잃은 곳이 있음을 알았습니다. 이미 새롭게 고쳤는데, 이제 그 고친 글을 베껴 앞에 두고 옳은지 그른지 묻고자 합니다. 뒤이어 저의 둘째 편지를 보내니 밝게 답해 주시기 바랍니다.'

과연 원자력 산업계에서 자식과 같은 이들과 학문적으로 치열한 논쟁을 하며 철학을 다듬어가는 열린 마음을 가진 사람이 있는지. 설득되지 않는 내용에 대해서는 한 치도 양보 없이 자신의 주장을 전개하면서도, 편지 전반에 흐르는 상대에 대한 존중, 자신의 생각이 부족할 수 있음을 스스럼없이 밝히는 건전한 소통은 우리가 배우고 가꾸어야 할 정신이다. 소셜 네트워크의 수단이 넘치는 이때에, 우리는 누구와 어떻게 소통해야 하는가?

---

25) 고봉과 퇴계 편지를 쓰다, 소나무

조선의 두 선비가 우리에게 보여주는 소통을 위한 첫 번째 방안은 바로 상호 예의를 통해 소통의 벽을 없앨 수 있다는 것이다. 나이든 상사는 직원을 예로 대하고 어린 부하는 상사를 존경과 존중으로 받드는 회사. 이것이 바로 상호 소통하는 조직의 미덕일 것이다.

두 번째 해결책은 소통은 공감으로부터 온다는 것을 인식하는 것이다. 공감은 상대방의 입장을 이해하고 동조하는 것에서 시작한다. '소통이 없는 사회는 신경이 마비된 사람과 다름없다'[26] 라고 말하는 이도 있다. 우리가 사는 21세기는 20세기와 매우 다르다. 일방통행이 아닌 쌍방통행이 요구되는 시대다.

'안철수'교수는 서울대 강연[27]에서 21세기는 급변의 시대이고 위, 아래라는 수직적인 체계가 허물어지는 시대라고 정의한다. 위압적이고 고압적인 조직, 위에서 아래로 일방적인 지시를 하는 조직에 우리의 20대와 30대 직원들이 맞추고 살기에는 그들의 정서와 맞지 않는다는 것이다. 21세기는 조직의 체제 보다 개인이 가지고 있는 소중한 가치관을 존중하는 세상이 되어야 한다. 그래야 진정 공감하고 소통하는 조직이 된다.

'후쿠시마 사고가 재앙으로 발전한데는 사고 후 처리에서 나타난 의사 결정체계의 경직과 의사소통의 불투명성, 비상대응체계의 허술함이 핵심 요인으로 분석되었다.'[28] 결국 지도자의 적기·적절한 의사결정과 체계적 사고 능력, 그리고 적절한 소통 능력만이 원전의 안전성을 보장할 수 있다는 얘기다. 그러므로 세 번째 해결책은 의

26) 홍득표 인하대 교수, 한국대학신문, 2012. 10. 3일자에서 인용
27) 안철수 교수, 싸움은 그만, 소통과 화합으로, 유투브 동영상 참조
28) KINGS 설립지, 오세기 교수 작성분에서 인용

사소통의 능력을 키우는 것으로부터 출발한다.

조직에 있어 효과적인 소통은 정보의 교환이나 정보를 전달하는 역할, 현상, 말로 전하거나 써서 전하는 메시지, 개인의 아이디어를 효과적으로 표현하기 위한 기법, 개인 간의 취지를 공통의 시스템이나 심볼로서 교환하는 프로세스를 모두 포괄한다. 따라서 소통 환경이란 네트워크 채널로 규정할 수 있다. 통상의 경우 인간은 쌍방향의 2채널 소통을 한다. 다수의 사람이 상호 소통을 하기 위해서 몇 개의 쌍방 채널이 필요할까? 이는 다음의 식으로 나타낼 수 있다.

$$N = \frac{X(X-1)}{2}$$

이 공식에서 X는 서로 소통하는 사람의 수이다. 예를 들어 네 사람이 소통할 경우 6개의 쌍방향 통신 채널이 필요하다는 것이다. 소통에 문제가 생기게 될 경우 재앙이 따르게 된다. 따라서 조직에서의 소통 장벽을 없애는 것은 매우 중요한 요소다. 이를 위해서는 같은 말의 의미를 다르게 받아들이는 인식의 장벽을 없애야 한다. 소통을 결정하는 개인의 성격적 문제나 관심도, 그리고 편견, 정서 상태, 자세 등으로부터 오는 장벽을 없애는 것이 무엇보다도 중요하다는 것이다.[29][30]

KINGS에서 영어강의는 기본이다. 외국 생활을 경험하지 못한 내가 전공과 관련한 사항을 영어로 강의하려니 여간 힘든게 아니다.

---

29) Douglas McGregor, The Human Side of Enterprise, McGraw-Hill, 1960,

30) Heraberg. B. Mausner, and B. B. Synderman, The Motivation to Work, John Wiley & Sons, 1959

말 자체도 익숙하지 않은데 그간 우리말로 알고 있던 온갖 용어나 정의를 영어로 표현해야 하니 이래저래 영어가 객지에 와서 고생께나 하는 꼴이 되고 있다. 울산과기대(UNIST) 역시 영어 강의를 진행하고 있다. 외국인 학생들이 많으니 피할 수 없는 추세인가 보다. 원자력을 가르치는 한 교수에게 물었다. 지식의 전달이 잘 되고 있는가를. 그의 설명은 간결했다. 교수의 영어 실력과 학생의 영어 실력을 곱하면 약 50% 정도의 지식이 전달 될 것이라는 얘기였다.

곰곰이 생각해 보았다. 영어 자체의 소통 확률 50%와 지식의 전달 확률 50%를 곱하면 영어로 진행하는 강의를 학생이 알아듣고 이해할 확률은 25% 정도로 낮아 질 것이 아닌가 하고. 그런데 내 학창 시절을 돌이켜 보면 예습하지 않은 상태에서 강의만으로 이해 할 수 있는 전공 지식은 거의 없었던 것 같다. 명확하지 않아 '같다'라고 표현하고 있지만 실상이 그렇다는 얘기다. 즉, 아무리 강의를 잘 한다고 해도 수신자의 준비태도에 따라 강의를 통한 지식의 전달은 일정한 한계를 가지게 된다.

영어강의에 서툰 사람들에게 한 가지 희망은 원어민 강의도 역시 소통확률이 낮기는 마찬가지란 사실이다. 같이 근무하는 James 교수에게 물어보았다. 왜 학생들이 원어민 강의를 어려워하는 지를. 그리고는 곧 이 질문이 어리석은 것이었음을 깨달았다. 학생자신의 영어 실력이 완벽하지 않다면 언어 소통에 대한 일정부분의 어려움은 있을 것이 아닌가. 언어적 소통문제는 더 이상 언급하지 않더라도 과연 비언어적 감정적 소통의 경우는 어떤가?

네 번째 소통은 후행자를 위한 선행자의 역할이다. 직장 생활을 하다 보면 나의 의지와 상관없이 동료가 하던 일을 넘겨받는 경우가 있다. 이런 경우 이미 전체적인 윤곽을 누군가 완성해 놓았기 때문에 일 처리가 무척 쉬워진다. 전체의 얼개를 완성하는 일은 무엇보다 중요하고 창의력을 발휘해야 하는 영역이기 때문이다. 첫 번째 도전은 자칫 무질서해지기 쉽다. 목적지와 경로를 모두 찾아야 하기 때문이다. 서산대사께서도 첫 눈을 밟고 가는 사람의 어지러운 발걸음을 경계하셨다. 내가 밟고 지나간 이 궤적이 내 뒤에 이 길을 갈 사람의 지침이 될 것이니까.

'눈을 밟으며 들길을 갈 때 踏雪野中去
모름지기 발걸음을 어지러이 하지 말라. 不須胡亂行'

일을 넘겨받는 사람이 해야 할 가장 첫째 일은 선행자가 만든 얼개의 완성도를 평가하는 것이다. 남이 이미 해 놓은 일을 공정하게 평가하는 것처럼 어려운 일은 없다. 또한 평가 방법으로 어떠한 것을 활용할 것인가도 큰 고민거리다. 또 하나의 경우는 마치 특허를 무단 도용하듯이 남이 해 놓은 결과를 마치 자신의 것인 냥 발표해 버리는 경우다. 특히 선행 연구와 후행 연구가 다른 조직에 의해 수행되는 경우가 더욱 그렇다. 최소한의 참조인용 처리도 생략한 채 발표하는 경우도 흔히 발생한다.

다섯 번째 해결책은 비언어적 소통에 익숙해지는 것이다. 한국인이 가진 직관적인 이해력은 조직에서도 무시할 수 없는 요소다. 종종 무리 내에서는 언어 이상의 언어가 사용되는 경우가 있다. 전라 지방 방언인 '거시기'는 정확한 해석이 어렵기도 하지만 다양한 뜻으로 사용된다. '거시기 해부러' 는 지시를 나타내는 간결한 언어이지만 의미 전달이 잘 못 되는 경우는 거의 없다. 비언어 조차도 소통의 매개체로 사용할 수 있고, 그를 통해 직관적으로 이해할 수 있는 문화가 있는 것이다. 또한 근대화를 압축적으로 50년 만에 이뤄낸 민족답게 전체의 맥락을 직관적으로 파악하는 능력은 뛰어나다. 하지만, 이러한 직관적 이해력이 한민족의 장점이었던 체계적 사고와 행동양식을 흐트러뜨린 점으로 작용했다는 것은 부인하기 어렵다.

내가 사는 둔곡동을 다니는 72번 버스가 신형으로 바뀌었을 때의 일이다. 버스 환승제도가 도입되어, 카드를 대면 버스요금을 결재하고 하차 시에 한 번 더 찍으면 환승이 가능한 시스템으로 바뀌었고 버스 내에도 자동화 시스템이 잔뜩 부착되었다. 이러한 시스템 도입 과정에도 작은 혼란은 있었다. 바로 신형장비 사용법을 안내하는 멘트가 여러 차례 바뀐 것이다. 어떻게 바뀌어 갔는지 여기 적어본다. 처음 나온 멘트는 '카드를 태크하세요' 였다. 얼마 안 있어 '카드를 접촉하세요'로 바뀌더니 그 다음이 아마 '카드를 찍으세요'로 바뀌었던 것 같다. 요즘은 '카드를 대세요'로 통일되어 변함없이 사용되고 있다.

아주 작은 시스템에서 조차 공통으로 사용하는 의사전달 체계를 확정하기란 이처럼 쉽지 않은 일이다. 원전처럼 거대한 구조물을 건설하고 운영하는데 필요한, 소통을 위한 공통적인 의사전달 체계를 마련하는 일이란 더욱 쉽지 않을 것 같다. 더욱이 UAE와 같은 외국 프로젝트를 진행하는데 필요한 소통의 도구는 언어, 비언어적 체계를 막론하고 새로운 방법이 정립되어야 하지 않을까 생각해 본다.

## 3. 변화와 혁신을 얘기한다.

우리는 변화하고 혁신하고 있는가? 지난 2000년대 중반 한수원은 체제공학적인 바탕위에, 일하는 방식을 바꾸기 위한 본격적인 실험에 들어갔었다. 고리 원자력 제2발전소를 중심으로 K-SET[31]을 구성하고 현재의 성과를 분석하고 향후를 대비하는 작업을 수행했다. 하지만 이러한 노력은 사내의 지지를 얻지 못해 전사적으로 확산되지 못하였고, 몇 몇 부서의 명칭 변경과 업무 조정에 그치는 것으로 끝났다. 참으로 아쉬운 일이 아닐 수 없다.

- 원전 운영경험 축적 및 우수 신입직원 확보
  - ✓ 15년이상 장기근속자 비율 증가 : '93년 8.6% → '09년 51.0%
  - ✓ 대졸이상 졸업자 비율 : '93년 50%수준 → '09년 77%
- 운전분야 발전차장 및 호기별 발전팀장 제도 운영
- 선진 운영프로세스 활용을 통한 운영신뢰도 향상
- 국내외 안전점검을 통한 문제점 도출, 개선

K-SET에서 수행한 연구 항목 중 하나가 바로 '우리원전의 우수한 운영실적은 어디에서 기인하는가'에 대한 분석이었다. 하지만 그 누구도 시원한 답을 내주지 못했다. 발전소에 근무하는 한수원 직원들에게 물어보면 그들 자신도 세계 1위를 달성하는 요인에 대해 설명하지 못한다. 원전 선진국과 비교할 때, 기술력이 뛰어난 것도 아니고 교육 시스템이 우수한 것도 아니며 논리적이나 체계적인 사고를 하고 있는 것 같지도 않다. 그렇지만 결과는 세계에서 가장 높은 이용률을 달성하는 것으로 나타난다. 이 보고서에 기술된 한수원 자체

31) Korea Systems Engineering Team

분석결과[32]는 글상자의 내용과 같다

위의 글 상자에서 무엇을 느꼈는가? 과연 한수원이 자체적으로 분석한 위의 4개 항목에 혁신은 있는가? 파괴적인 혁신은 그만두고 점진적인 혁신이라도 있는가? 왜 변화와 혁신을 두려워하는가?

주어진 여건을 보자. 발전소를 한 번만 정지 시켜도 온갖 비난과 걱정이 언론에서 쏟아지고 잘못하면 옷을 벗어야 한다. 반면에 발전소를 차근차근 보수해야 하는 기간은 점점 줄어들고 있다. 또한 경비절감은 반드시 준수해야 할 목표치로 매년 주어진다. 발전소 근무 자체가 스트레스의 연속인 것이다. 이러한 모든 스트레스 하에서 발전소를 관리하고, 빡빡한 정기보수 기간도 감수하면서 야근을 일삼는 조직, 그것이 발전소 사람들이다. 이 만큼 목표 지향적이고 성과위주로 관리되는 조직도 대한민국에서는 많지 않을 것 같다.

하지만 목표와 성과위주 관리는 정해진 절차 이외에는 신경 쓰지 않는다는 보수적 정서를 만든다. 바로 대부분의 정비현장에서 일어나는 공통된 현상인 '창의적 협업의 부재'가 대표적 사례다. 원자력발전소의 핵심설비 중 하나인 냉각재펌프는 원자로의 물을 순환시키는 펌프와 이 펌프를 돌리기 위한 모터로 구성된 설비다. 당연히 정비에는 전기부서와 기계부서가 공동으로 참여한다. 하지만 협업은 일어나지 않는다. 독립적인 작업만이 있을 뿐이다. 전기측에서 보면 펌프의 정비품질은 담당 밖의 일이다. 기계측에서 보면 모터의 품질은 담당 밖의 일이다. 예방정비가 활성화 된 이후에도 이러한 추세는 변하지 않았다. 상태감시의 중요성을 인지한 기계측에서는 많은 감시장치를 부착하여 펌프의 안정적인 가동을 위해 노력했지만 전기

32) 한수원, 가동원전 우수운영실적 달성 주요요인 분석결과

측에 대한 배려는 없었다. '창의적 협업'에 대해 곰곰이 생각해 볼 때다.

한수원 이외에 다른 회사를 살펴보자. 요즈음 건설 중인 발전소에서는 설계 품질에 대한 문제가 종종 제기된다. 워낙 설계자에게 쏟아지는 과제들이 많다보니 꼼꼼하게 점검하지 못하고 제출되는 설계 문서는 추가적인 비용과 함께 불필요한 많은 노력을 요구한다. 문제는 OPR-1000 원전 이후 이런 문제가 없어지지 않고 있는데 있다. 되풀이 되는 고질적인 오류는 우리의 설계에 대한 신뢰를 낮추는 결과를 가져온다. 이와 함께 이전 원전에서 제기된 문제가 후속 호기에서도 여전히 나타난다. 기술자립 이후에도 과거의 복제 설계의 타성에 젖어 있는 설계자들도 문제려니와 이를 관리하고 이끄는 리더십이 원자력발전 산업계 전반에 존재하지 않는 것도 너욱 큰일이다. 문제를 보고도 고치지 않으니 이를 어찌한단 말인가?

우리나라 원전은 웨스팅하우스, 프라마톰, CE, CANDU 등 다양한 서로 다른 설계 개념과 운영개념 하에서 운전되고 있다. 만일 다양성을 분석하고 이를 서로 전파하고 개선했다면 분명한 변화와 혁신의 고리를 찾을 수 있었을 것이다. 내가 알기로 이러한 다양성에 착안하여 뭔가를 바꿔보려고 시도한 인사들도 많이 있었다. 하지만 그들의 작은 목소리를 키워 큰 목소리로 만든 경우는 그리 많지 않았다.

여기서 먼저 변화와 혁신에 대한 정의부터 시작해야겠다. 원자력발전소는 보수적인 안전성을 중요시한다. 어떠한 경우에도 문제가 발생해서는 안 되는 곳이 바로 원자력발전소다. 그러니 모든 일은 사전에 잘 짜여진 각본에 의해 움직인다. 잘 정리된 계획서, 설계서, 절차서 등이 그것이다. 그렇지만 발전소에 따라서는 30년 전의 기술

수준으로 정리되고 짜여진 각본이 그대로 통용된다. 일부 원전의 경우, 옛날의 설계개념을 알기 위해 원 공급사의 서고를 뒤지기도 하고 이를 위해 많은 비용을 지불하기도 한다. 변화와 혁신을 두려워하는 정서의 근원은 우리의 손으로 처음부터 차근차근 진행하지 못하고 단기간에 외국기술을 국산화한 성과 자체에서 찾아야 할지도 모른다.

심리학자인 매슬로는 개인에게 동기를 부여하게 되는 단계를 다음과 같이 정하고 있다.

첫 번째 단계는 기초 단계 또는 심리적 필요 (Needs)에 의해 생긴다. 말 그대로 의식주에 대한 기본적인 인간 욕구를 채우는 데서 인간의 가장 기본적인 동기가 부여된다는 것이다. 이 단계가 만족되면 인간은 다음 단계인 '안전함"을 추구하게 된다. 경제적 안정과, 재앙과 같은 외부 요인으로부터의 안전을 원한다.

다음 단계는 사회적 활동의 필요성이다. 사랑이나 소속감, 참여, 그룹 활동 등이 이 범주에 들어간다. 이 단계에서는 비공식적인 조직이 큰 역할을 한다. 낮은 필요성을 요구하는 단계는 자존감을 충족하는 것이다. 높은 기술적 경지에 있는 전문가의 경우, 이 자존감이 충족되지 않으면 여간해서 행복을 느끼지 못한다. 기술자들은 이 필요성을 스스로 채우기 위해 책을 출간하고 발명을 한다. 필요성 중 가장 낮은 단계는 자발적 활동이다. 자신의 역량을 최대로 발휘하기 위해 끊임없이 자신을 연마하고 진정한 창의적인 인간이 되도록 노력한다.[33]

---

33) Abraham Maslow, Motivation and Personality, Kerzner의 Project Mangement 책에서 재인용

허즈버그와 그의 조수인 신더맨이 수행한 인간의 동기부여에 대한 연구 결과도 흥미롭다.[34] 허즈버그는 매슬로의 5단계 중 요구가 가장 높은 심리적, 안전, 사회적 필요란, 만족하거나 불만족하는 위생지수와 같은 것일 뿐이라고 결론지었다. 그러면서 인간의 동기를 부여하는 진정한 요인은 인간의 자존감을 높이는 것과 자발적 활동을 통한 자기 성취에 있다고 기술한다. 필수적으로 요구되는 요소는 아주 짧은 기간 동안만 욕구를 느끼는 단기적 필요성 일 뿐이지만, 자존감과 자발적 활동이야 말로 오랜 기간 동안 요구되는 필요성이며 사람들은 이를 달성하기 위해 좀 더 좋은 직장으로 옮기는 것과 같은 행동을 한다는 것이다.

이러한 학자들의 연구 외에도 행동 학자인 크리스 아지리스는 기대 이론을 가지고 인간의 필요에 의한 동기 부여를 설명한다. 기대 이론에 의하면 개인의 필요와 조직의 필요가 조화를 이룰 때 상호 이익을 높이기 위해 동기 부여가 된다. 반면 필요에 대한 조화를 이루지 못하는 조직에서는 조직과 개인 상호간에 혼돈과, 심리적 상실, 단기간의 관망, 갈등 등이 나타난다.[35]

개인으로부터 나오는 변화와 혁신의 모멘텀은 바로 개인의 자존감을 충족시켜주고 자발적인 활동을 권장하는 것에서 나온다. 따라서 이러한 낮은 두 단계의 필요성을 만족시켜주기 위한 끊임없는 변화관리가 요구되는 것이다. 경영층이 바뀌면 반짝 추진했다가 이내 사그라지는 일과성 행사로는 변화와 혁신을 이끌어낼 수 없다는 것을 매슬로와 같은 많은 학자들이 이구동성 얘기하고 있다.

---

34) F. Herzberg. B. Mausner, and B. B. Snyderman, The Motivation to Work, John Wiley and Sons, 1959, Kerzner의 Project Mangement 책에서 재인용

35) Chris Argyris, Today's Problems with Tomorrow's Organizations, The Journal of Management Studies, Kerzner의 Project Mangement 책에서 재인용

피터 드러커는 미래지향적인 조직이 되기 위한 6가지 요소[36]를 다음과 같이 정의한다.

- 두터운 조직에서 민첩한 조직으로
- 수직적 조직에서 수평적 조직으로
- 동질성에서 다양성으로
- 지위와 명령에서 전문성과 관계로
- 회사에서 프로젝트로
- 조직적 자본에서 평판적 자본으로

이 책을 읽고 있는 원자력계의 리더라면 곰곰이 새겨보아야 할 내용들이다. 하여튼 현재의 원자력 그룹사와 건설회사 조직들이 결집해 UAE에 대한 원전 수출을 이뤄내었고, 이 시간에도 땀 흘리며 열사의 현장에 원전을 짓고 있다. 그렇다면 변화와 혁신을 두려워하는 지극히 보수적인 우리의 조직체계는 과연 UAE에서 어떠한 모습으로 표출될 것인가?

UAE 원전도 한국의 원전과 같이 세계 정상의 이용률을 달성할 것인가? 이에 대한 답은 쉽지 않다. 인력의 분포도 그렇고 교육의 정도도 문제가 될 것이며 무엇보다도 우리가 전수하는 기술의 규격화와 표준화의 수준이 문제로 떠오를 것이다. 냉정히 판단하면 우리 기술이 세계표준에 따라 체계적으로 정리된 완벽한 것이라고 말하기는 어렵다. 우리는 이러한 불완전성을 제 삼의 소통체계를 이용해

---

36) 피터 드러커, 미래의 조직, 한국경제신문사

극복해 왔다. 흔히들 얘기하는 조직 내의 인간관계나 비언어적, 비표준적 의사소통과 의사결정 체계가 그것이다. 하지만 한국인이기 때문에 이심전심으로 전달되는 의사의 소통체계가, 외국인에게 통하지 않을 때 우리가 가진 보이지 않는 힘은 발휘되지 못할 것이고 비언어적 의사소통체계는 큰 장벽으로 작용될 가능성이 있다. 우리를 빛내준 그 무엇이 외국 수출 이후의 단계에서 단점으로 작용할 수 있다는 예상은 하고 싶지 않은 것이지만 수출을 위해서라도 우리 자신의 체질을 바꾸는 작업은 필요하다. 그것이 바로 또하나의 변화와 혁신 대상이다.

가수 '싸이'가 '오빤 강남스타일'를 외치면서 말춤을 추는 비디오는 유투브 조회건수 2억 건을 넘어서 '기네스 북'에 올랐다. 연일 뉴스 인터뷰기 방송되는 가운데 외국의 전문가가 한결같이 하는 말은 '강남 스타일'은 '독특하고 다르다'는 것이다. 즉, 변화와 혁신의 다른 표현은 독특하고 다른 것을 추구하는 것일 것이다.

TED[37]의 유명강사 사이먼 시넥은 '최고의 리더는 어떻게 행동을 고취시키는가?' 라는 강의에서 리더는 '다르게 만드는 사람'이라고 말한다. 애플, 마틴 루터 킹목사, 라이트 형제 등 세상을 이끌어가는 리더들에게서는 한 가지 패턴을 발견할 수 있는데, 대부분의 사람들이 What 라는 물질의 영역에서 시작해 How를 거쳐 Why의 신념의 영역에 도달하려고 생각하는 동안, 리더들은 Why에서 바로 시작한다고 한다.

보통사람은 '무엇'으로부터 출발해 '어떻게'를 거치는 동안 너무나 많은 에너지를 사용하기 때문에 '왜'의 영역에는 거의 도달하지 못한

37) Technology Entertainment Design, 지식 콘서트의 하나

다. 하지만 '왜'에서 바로 시작하게 되면 남보다 다른 차원의 변화와 혁신의 대상물이 보이고 이를 해결하는 순간 세상을 바꿀만한 엄청난 시너지가 생긴다는 것이다. '왜'라는 단순한 질문으로부터 시작하는 변화와 혁신, 이것이 우리가 추구해야 할 세 번째 목표다.

전 GE 회장 잭웰치가, '한국은 고속성장 하는데 성공했지만 독특함이 없었다.[38]'고 지적한 말은 새겨들어야 한다. 그만 그만한 교육과 변화로는 21세기를 살아가기가 힘들기 때문이다.

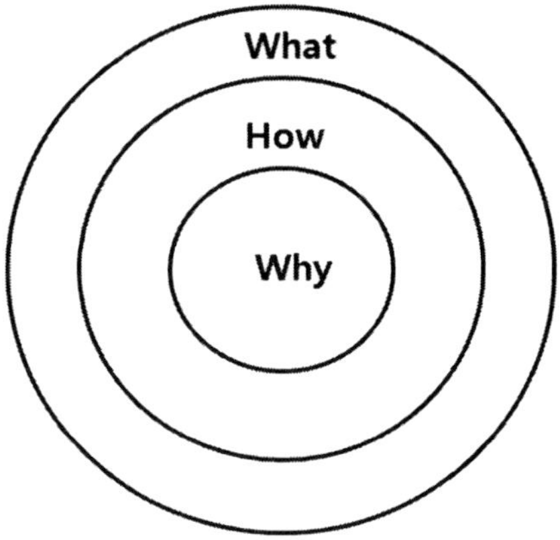


38) 공병호의 창조경영에서 재인용

## 4. 보수적인 조직문화를 얘기한다.

내가 첫 직장인 한전에 입사한 것이 1984년 2월 이었다. 당시로서는 잘 알려지지도 않았던 '원자력발전소'로 배치될 것을 안 것은 당시 서울 쌍문동에 있던 한전 연수원에 입소하기 얼마 전이었다. 연수원에 들어간 첫날, 교수부장을 찾아가 '직군(work area)'을 변경해 줄 것을 요구하였다. 대학 전공이 전기공학이니 한전의 주 영업영역인 송변전 분야가 더 낫게 보였던 것이다. 헌데 당시 교수부장의 말씀이 걸작. '그럼 그만두고 내년에 들어와라.' 나중에 인사 담당자를 통해 알게 된 사실은, 이 직군 변경이라는 것이 그 만큼 어려운 것 이었다. 사장도 특별한 경우가 아니고는 손대지 않는 불가침의 영역이었던 것.

내 한전 입사동기인 '양성익'은 집이 제주도인 친구다. 이 친구 소원은 제주도 내연 발전소나 배전 사업소에 근무하는 것. 고향 떠나 타향살이가 어디 그리 쉬웠겠는가? 하지만 이 친구는 '원자력직군'으로 배치된 사실 한 가지 때문에 30년이 가까워 오도록 아직도 월성 원자력발전소를 떠나지 못하고 있다. 이제는 어느 정도 포기한 것 같기도 하다.

내가 고리 2발전소 기술부에서의 근무를 마치고 한전 본사 원자력발전처로 전근을 하게 되었을 때의 일이다. 한전이 지금은 아파트가 되어 버린 청담동 한중 사옥에서 현재의 삼성동 사옥으로 막 이전을 끝냈을 즈음 본사로 일터를 옮긴 것이다. 예정 부임 일정을 한 보름가량 어기고 현장에서 올라가니 관리처 직원들의 원성이 이만저만이 아니다. 만만한 후배가 회사 전체 이사 시점을 교묘히(?) 피해 나타났으니 왜 아니 그러했겠는가.

부임 인사를 하는 중에 부장님이 질문을 해 온다. "한전이 어떤 회사 같아?" 무슨 뜻으로 질문을 하는지 파악도 못한 채 눈만 껌뻑이는데 부장님의 자답이 돌아온다. "한전은 기술회사가 아니라 관리회사야." 그 당시에는 무슨 말씀을 하시는지 정말 이해가 되지 않았다. 한전이 기술회사가 아니라니. 보유한 발전소가 몇이며, 송전선과 변전소는 또 얼마나 많은가. 원자력발전소 하나를 짓는데 포스코와 같은 기간 산업체 설비보다 더 많은 돈이 든다는데, 기술이 없이 무슨 재주로 이를 관리한단 말인가.

본사 근무 일수가 늘어가면서 부장님의 말씀이 이해되기 시작했다. 모든 것이 시스템적으로 움직이는 조직. 그렇기 때문에 개인의 뛰어난 역량 보다는 통합되고 화합된 분위기를 통해 생산성을 높이는데 더욱 노력을 기울이는 조직 체계. 게다가 외자처, 인사처, 감사실 등의 지원 및 관리 조직의 파워가 기술조직의 파워를 훨씬 능가하는 조직 체계가 우리 회사에 있었던 것이다.

86 아시안 게임이 시작되고 88 올림픽을 치루기 까지는 정말 부산하고도 획일성이 강조되는 시간이었다. 순간의 정전도 없이 행사를 치루겠다는 각오가 회사 내에 퍼졌고 올림픽 즈음해서는 강당에서 '손에 손잡고'를 가르치는 노래교실도 열렸다. 물론 의무 참여였다.

박정기사장이 취임한 이후 전 직원이 참여 하는 조회가 매주 열렸다. 군인 출신의 사장이 주관하는 조회는 군대와 같이 질서 있고 매우 딱딱했다. 어느 날 조회시간에 사장의 훈시 시간이었다. 일장 연설을 하던 사장이 갑자기 '야 너 이리 나와! 그래 임마 너 말이야!' 하는 것이 아닌가. 훈시를 듣던 우리들 모두 깜짝 놀라 혹시 뭐 실수한 것이 없나 서로를 돌아다 봤다. 그 때 인사처 직원에 의해 직원 한명이 연단으로 끌려 나오는 것이 보였다. 죄명(?)은 사장 훈시시간에 잠깐 졸았던 것. 훈시 시간에 졸음을 참지 못하고 깜빡 졸았을 뿐인데, 그 직원은 이후 계속되는 사장 훈시시간 내내 연단에 끌려나와 서 있어야 했다. 이것이 회사였는지 아니면 군대이었는지 지금도 아리송하다.

왜 우리 원전 그룹사는 보수적인 조직문화를 갖게 되었을까? 좀 더 싱싱하고 활기 있는 조직이 될 수는 없었을까? 위의 단편적인 사례에서도 알 수 있듯이 권위주의적인 선비문화의 대물림과 함께 60년대 이후 우리에게 젖어든 군사문화의 잔재가 버무려진 결과가 우리를 보수적으로 만든 것이 아닐까 하는 생각이 든다.

예술의 전당에서 조선의 명필 한석봉이 쓴 사액(賜額) '도산서원' 목판본이 전시되었다. 그런데 천하의 한석봉도 이 현판 글씨를 모르고 썼다는 것이 뉴스거리가 된 적이 있다. '도산서원'의 현판인 줄 알면 혹여 글씨를 망칠까 염려한 선조는 한석봉을 불러 글자를 오른쪽부터 써나가도록 한자씩 불러준다. 대단한 문장가에게도 유학자의 권위가 살아 숨쉬는 '도산서원'이 주는 위압감은 이루 말할 수 없이 컸나 보다. 이처럼 권위에 대한 복종이 강한 문화도 우리를 좀 더 보수적으로 만드는데 작용했을 것이다.

세 번째 보수적 조직문화의 원인으로 진급에 대한 지나친 경쟁을 들지 않을 수 없다. 보수성은 어쩌면 진급에 대한 지나친 경쟁이 촉발시켰는지도 모른다. '튀면 죽는다'는 우리나라 어느 조직에서든 발견할 수 있는 흔한 현상이다. 우리나라 조직 특성상 '새로운 의견과 생각'은 종종 조직과 융합되지 못하는 것으로 오해받는다. 또한 이러한 오해는 진급의 누락 또는 지연을 가져온다.

어느 누가 동료나 후배보다 늦은 진급을 원할까? 하지만 한전이나 한수원의 경우, 진급에 대한 강박관념은 정도를 넘는 것 같다. 이는 통제와 지시가 요구되는 조직의 특성에 따른 것이겠지만 매년 진급철만 되면 온 회사가 소란스러워지는 것을 보면 좀 과하다는 느낌도 든다. 예전에는 부녀회 총무의 남편은 진급의 최우선 카드를 쥐게 된다는 얘기도 떠돌았었다. 개인의 능력이나 지식 보다는 상사와 좋은 관계를 유지하는 것이 진급에 영향을 더 미친다는 인식이 직원을 통솔하고 회사를 이끄는 리더의 위치를 본받고 싶어 하거나 존경스럽게 바라보기보다, 마음속으로 경원하게하는 분위기를 만들지는 않는지 되새겨 보았으면 한다.

매년 승자와 패자를 가르게 되는 현재의 진급 체계를 바꾸는 방법은 없을까? 연구기관이나 설계회사 등에서 도입한 매트릭스 운영체계는 직위와 직급의 체계를 이원화 시키고 있다. 모든 사람들에게 일정한 근무경험이 쌓이면 그에 맞는 직급체계를 부여하는 것이다. 보직과 직급을 이중화 한 체계는 한 분야에서 전문성을 쌓게 하는데 큰 동력으로 작용할 수 있다. 굳이 진급을 위해 큰 노력을 하지 않아도 근무연한에 따라 적당한 직급을 부여하는 시스템의 도입도 검토할 만하다. 물론 이러한 제도의 도입이 초래하는 부정적 요소도 있을 것이지만 온 회사의 구성원들이 진급만을 바라보게 하는 현재의 제도적 한계는 개선의 여지가 있음에 틀림없다.

그렇다면 보직 중심의 체계가 갖는 장점은 없는가? 물론 많이 있다. 그 중에서도 빠른 의사 결정이 필요한 발전소의 지휘체계를 유지하게 하는 것은 큰 장점으로 생각된다. 특히 발전소 건설 현장이나 정기보수와 같은, 짧은 시간 내에 큰 성과를 내야하는 조직일수록 막강한 리더십을 발휘할 수 있는 팀제로 운영하는 것이 분산된 리더십

보다 큰 힘을 낼 수 있다. 하지만 보수적인 조직체계에 잘 적응하고 따르는 인사들로만 가득 찬 조직에서 활기를 기대하기란 애당초 불가능 한 것이다.

보수적 조직문화는 자기가 맡은 영역에 대해서만 생각하는 닫힌 사고를 강제한다. 우리나라 어느 지역보다도 낙후된 원전지역을 볼 때마다 우리 원전 종사자도 좀 더 전향적이고 참여적인 사고를 가져야겠다는 생각이 든다.

지방도 31번은 월내부터 서생까지 고리원자력발전소와 신고리 원자력발전소를 지나는 유일한 도로다. 이 도로는 왕복 2차선의 전형적인 시골길이다. 28년 전 내가 고리원자력발전소에 처음 출근할 때 이용했던 도로이기도 하다. 그런데 28년 후 다시 고리지역에 와 보고는 정말 놀랐다. 예전의 도로가 거의 변화 없이 그대로 사용되고 있는 것이다. 해운대에서 시원하게 달리던 자동차는 좌천을 지나면서 급격히 좁아진 도로를 만나 속도가 점점 떨어진다. 좌천부터 월내까지 여전히 왕복 2차선의 좁은 도로가 이어지고 있는 것이다.

그간 발전소는 4기에서 8기가 들어섰고 두기가 곧 착공을 한다. 산술적 계산이라면 2차선은 6차선쯤으로 넓혀졌어야 하지 않을까. 자동차 증가율은 또 어떤가? 내가 근무하던 28년 전에는 고리원전 직원 중에 차를 가진 사람은 거의 없었다. 그러니 이차선 이라 해도 그리 문제가 되진 않았다. 사택에 아파트를 못 얻은 사람들은 대부분 버스를 타고 해운대나 기장에서 출퇴근을 했었다. 하지만 지금은 다르다. 아침저녁으로 신고리 고개를 지나 불과 2킬로미터의 거리인 월내로 나가는데 이십분쯤 걸린다. 이러니 아예 러시아워를 피해 출퇴근을 하거나 신고리에서 서생역 방면으로 직진하여 사택을 빙 돌아 나가기도 한다. 아무튼 원자력발전소 10기가 들어선 이 지역의 출퇴근길 도로사정은 열악하다 못해 극악이다.

발전소에 근무하는 모든 사람들이 개탄하는 도로 사정이 나아질 기미는 전혀 보이지 않는다. 물론 지방도로의 확장은 한수원의 업무가 아니다. 그럼에도 발전소 사람들을 다시 쳐다보게 되는 것은 이 지경이 되도록 그 많은 리더들은 무엇을 했는가 이다. 좁은 길을 넓히는 것은 원전의 안전을 위해서도 필요하다. 후쿠시마 같은 사고가 발생할 때 좁은 길은 사고의 사후 처리를 불가능하게 한다. 무슨 수로 사고복구를 위한 중장비가 들어오겠는가? 이러한 유형의 문제를 조직의 특수성과 보수성만으로 돌리자니 심히 답답해진다.

그렇다면 우리의 보수적 조직과 문화는 어떻게 바꾸어야 할까?

헤롤드 커즈너는 프로젝트 관리의 기능 중에서 '업무 지시'에 대한 항목을 기술하면서 1950년과 1960년대에 발표된 저서와 논문을 인용하여 인간 행동 양식별 관리 방법을 기술하고 있다[39]. 이를 요약하여 재구성하고 필자의 의견을 달아본 결과는 다음과 같다.

프로젝트의 완성이라는 목표를 이루기 위해서는 먼저 인간의 행동양식을 이해해야 한다. 이러한 이해력의 바탕 위에서 사람들에 대한 동기부여가 가능해 진다. 맥그리거는 일을 하는 사람들의 행동양식은 다음의 2가지 형태로 나타난다고 강하게 주장한다.[40]

---

39) Harold Kerzner가 쓴 Project Management・A systems Approach to Planning, Scheduleing and Controlling, Wiley

40) Douglas McGregor, The Human Side of Enterprise, McGraw - Hill, 1960, Kerzner의 Project Mangement 책에서 재인용

첫 번째는 X형으로 분류되는 직원들이다. 이 부류의 직원들은 태생적으로 나태하기 때문에 감독이 필요하다고 간주한다. X형 직원에 대해 좀 더 알아보자.

- 평균적으로 이 유형의 직원들은 일을 좋아하지 않을 뿐 아니라 가능하면 회피하려고 한다.
- 이들을 일하도록 하기 위해서는 철저한 감독이 실행되어야 하고 일을 하지 않을 경우 처벌될 수 있다는 감독자의 은근한 협박 역시 필요하다. 한마디로 군대 사역병 수준의 수동적 인간군이다.
- 또한 책임감의 증가를 달가워하지 않으며 지시를 받아 일을 하는 것을 선호한다.
- X형 이론을 받아들이는 책임자라면 부하 직원들을 권위적으로 통솔하려고 할 뿐 의사 결정과정에 직원들의 참여를 거의 허용하지 않는다고 한다.

Y 형으로 분류되는 직원들은 감독이 없어도 업무 목표를 달성하려는 의지가 강하다. Y형 직원에 대해 좀 더 알아보자.

- 평균적으로 직원들은 적극적으로 업무에 참여하고 이를 성공적으로 달성하기 위해 육체적이나 정신적 노력을 모두 기울인다.
- 강압이나 통솔보다는 스스로 참여하고 업무를 알아서 수행하는 경향이 강하며 이는 커다란 성과로 나타난다.
- 이러한 직원들은 자긍심과 자신의 발전의 기회를 찾는데 열심이다.

Y형 이론에 동의하는 관리자는 직원과 좋은 관계를 유지하기 위해 노력을 기울이고 또한 적극적인 참여를 유도한다.

맥그리거는 전문가 집단, 특히 기술자들이 자발적으로 업무에 참여할 때 생기는 문제점에 대해서도 우려를 나타낸다, 기술자 개개인은 최종 결과물을 좀 더 개선하기 위해 최선의 방법을 찾는 능력을 키우는데 관심이 많고, 또 그들은 얻은 성과 자체에 대해 자긍심이 크기 때문에 종종 비용에 대해서는 고려하지 않는 경향이 있다고 지적한다.

맥그리거의 X, Y 형 이론에 하나를 더 추가하여 오우치는 Z 형이론을 주장한다. 이는 일본사람들의 문화적 가치와 행동양식을 강조한 것이다. Z 이론은 미국인과 일본인의 문화의 차이가 현격하다는 점을 고려하여 직원들을 어떻게 관리해야 하는 지에 대해 설명하고 있다.

미국인들이 직장을 메뚜기와 같이 이 곳 저 곳으로 좀 더 나은 대우를 찾아 옮겨 다니는 것과는 다르게 일본인들은 평생직장 개념을 갖고 근무하는 문화적 특질 차이를 보인다. 또한 미국인들이 개인적 의사결정 성향을 보이는 것과는 다르게 일본인들은 집단적 의사결정을 선호한다는 것을 고려한 것이 바로 Z 이론이다.

1978년 논문이 출판된 당시의 문화적 차이와 현재의 문화적 차이가 현재에도 완전히 일치한다고 보기는 어렵다. 일본의 평생직장 개념도 깨지고 있고, 미국인의 집단적 경향도 커지고 있는 것이 2012년 오늘날의 현실이다.

오우치의 Z 이론을 계속 알아보자. 일본인은 비공식적인 행정적 통제를 강조하고 있는 반면에 미국인은 보다 공식적인 통제에 기대는 경향이 있다. 일본의 기업들은 또한 전문화되지 않은 경력 (이를테면 어떤 특정한 업무만을 전문적으로 다루는 것이 아니라 업무 전반에 대해 일반화된 지식을 넓게 다루는 것을 말한다)을 쌓아가면서 연공서열에 따라 서서히 진급을 하게 되는 반면에 미국의 경우는 특정 업무에 대한 전문성 있는 경력을 바탕으로 빠른 평가와 빠른 진급이 가능하다.

미국의 대학에 40대 총장이 많이 탄생하는 것과는 대조적으로 이 보직 저 보직 모두 돌아 60대가 되어야 총장이 되는 것을 당연한 것으로 여기는 일본이나 한국의 풍토는 확실히 다른 것이다. 오우치는 또 일본의 관리자들은 미국의 관리자들 보다 직원들의 개인 생활에 더욱 많은 관심이 있다고 기술한다.

이와 같은 보수적 조직문화를 바꾸는 단 하나의 방법은 없다. 그러나 적용 할 수 있는 수단들에 대해서는 우리 모두 잘 알고 있다. 단지 실천만이 남아있을 뿐이다.

## 5. 리더십을 얘기한다.

질문을 하나 하겠다. 조폭과 공무원의 같은 점은?

영화 '공공의 적'에서 경찰 강철중은 '경찰과 조폭의 차이'를 다음과 같이 정의한다. '폭력을 사용하면서 월급을 받는 자'는 경찰이고, '폭력을 쓰면 구치소로 가는 자'는 조폭이다.

그러면 조폭과 공무원의 차이는? 영화에서 조폭은 항상 검정색 양복을 입는다. 공무원과 드레스 코드가 같다. 두목이 뜨면 조폭은 길게 도열한다. 공무원도 높은 사람이 뜨면 알아서 도열한다. 어째 하는 짓들이 유사하지 않은가?

인천공항 대합실에서 워싱턴 DC행 비행기를 기다릴 때였다. 검정색 양복을 입은 일행이 비행기를 먼저 오르고 있었다. 가슴에는 출입허가를 나타내는 명패를 달고 있었고 탑승구에서 별다른 수속 없이 바로 비행기로 오르는 것으로 보아 공무원 일행 같았다. 출장을 가시는 가 본데 뭔 일을 보기에 저리 많이 가시나? 어림셈으로도 열명은 되어 보였다. 그런데 잠시 후 일행의 대부분이 다시 탑승구를 걸어 나오는 게 보였다. 일행의 대부분은 출장 객이 아니라 출장을 가는 높은 분을 출영하는 사람들이었다.

참 기가 막혔다. 높은 분이 비행기 자리를 못 찾는 것도 아니고, 저리도 많은 사람들이 일도 안하고 한 두 사람 출장을 환송하다니. 저 분 출장 때문에 많은 스탭들이 움직였을 텐데 출장 당일까지도 따라 나오다니 뭣 하는 짓인가도 싶었다. 누군가 이런 일에 대해 국민 한 사람당 지불해야 하는 비용을 계산하는 프로그램을 개발하여 인터넷에서 공유한다면 사람들은 뭐라 할까? 참 할일 없는 조직의 장이라고 손가락질 하지 않았을까? 무리들이 따라와도 점잖게 꾸짖는 높은 분을 보고 싶다.

원자력 그룹의 CEO가 되면 자연스레 따라오는 각종 직함의 문제도 빼놓을 수 없다. 일례로 각 회사의 CEO 가 되면 각종 직함이 따라온다. 전 한수원 사장의 경우 공식 직함만 10개가 넘었다고 한다. 물론 회사와 사회의 발전을 위해 없는 시간을 쪼개 봉사하는 것이겠지만 조직의 발전 보다는 개인의 영달을 추구하는 CEO는 결코 리더십을 발휘할 수 없다. 직원들은 바보가 아니다. 큰 입보다는 큰 귀를 가진 CEO가 이끄는 회사를 조직원들은 바라는 것이다.

상위 관리자의 경우도 살펴보자. 워낙 퇴직자들이 많다보니 과거처럼 퇴직 후 방계회사나 협력관계에 있는 회사에 한자리를 차지하는 경우가 줄어들었다. 따라서 퇴직이 가까운 인사라 해도 자기의 소신보다는 윗사람들의 눈치를 보는 경우가 많다. 퇴직 후 집에서 놀지 않으려면 현직에 있을 때부터 윗분에게 잘 보여야 하는 것이다. 이러한 왜곡된 리더십이 팽배해 있는 조직에서 과연 무엇이 되겠는가? 숙고해야 할 일이다.

일, 이년 만에 결과를 낼 수 있는 것이 아닌 업무를 단기간에 수행한 것도 큰 문제다.

치밀한 분석이 선행되어야 하는 소프트웨어 도입의 경우도 충분한 사전 분석과정 없이 어느 날 사장 지시로 갑자기 이뤄진 경우가 많다. 이럴 경우 기본 기술이나 도구는 전문회사로부터 돈 주고 사오는 것이 가능했을 지라도 결국 회사의 업무 프로세스를 치밀하게 분석하고 반영하지 않은 데에서 오는 불필요한 비용이 든다. 밑바탕부터 다지고 사내의 충분한 공감대를 형성한 후 도입한다는 원칙이 무시되면 직간접적인 비용과 노력이 드는 것을 피할 수 없다.

새로운 방법론의 도입도 마찬가지다. 평소에는 관련 기술의 도입을 별로 반가워하지 않다가 최고 경영자의 강력한 의지로 추진되는 것도 문제다.

좋은 방법론과 개선이나 혁신과 관련한 노력은 단기간에 절대 완성되지 않는다. 수직적 관계나 수평적 관계를 넘어 좋은 것은 검토해 보고 적용성을 꾸준히 알아보는 노력만이 급격한 외부로 부터의 쇼크를 방지할 수 있다.

고리 1호기 사건을 돌아보자. 문제의 발단이야 잘 알려진 바와 같이 핵안보정상회의와 한수원 경영층의 불시정지 저감 선서와 같은 무언의 압박에서 시작되었다. 하지만 내가 그 자리에 있었다고 할 때 과연 이러한 일을 피할 수 있었겠는가? 고리 원전 정전사고의 조직적 은폐원인을 한수원의 폐쇄적인 조직문화에서 찾는 지적도 있다. 한국전력공사 시절부터 뿌리 깊이 내려온 '상명하복'의 전통도 문제로 지적된다. 이와 함께 한수원의 홈페이지를 온통 CEO의 개인 홍보란으로 변질시킨 기업의 문화도 지적을 받는다. 이 사이트에는 프랑스 정부훈장 수훈과 같은 굵직한 기사뿐만 아니라 사장의 특강과 인터뷰, 개인 약력 등 세세한 내용까지 올라와 있었다. 뿐만 아니라 '가족과 나의 삶'난에는 개인의 가족사와 관련된 사진, 식성과 애창곡 등 업무수행과는 전혀 관계없는 시시콜콜한 내용까지 기재돼 있었다.

리더십을 권력거리로 생각하는 하향식 조직운영도 문제다. 말콤 글래드웰[41]이 쓴 '아웃라이어'에는 우리는 기억하고 싶지도 않은 1997년 괌에서 발생한 우리나라 항공기 추락사고가 자세히 분석되어 있다. 이 책에서 항공기 사고를 분석한 기법은 '홉스테드[42]'가 제안한 권력거리지수[43]다. 조종사와 부조종사와의 의사소통에 문제가 있었다는 것이다. 우리나라 항공사의 조종사들은 많은 수가 공군 전투기 조종사 출신이다. 군대의 엄격한 질서는 민간 항공사에 와서도 지켜지는데 조종사가 조작을 하면 부조종사는 문제점을 발견하고도 이를 감히 지적하기가 쉽지 않다고 한다. 물론 괌 사고 이전의 일이다.

대한항공에서 조종사들과 함께 승무원 관리교육을 함께 받은 한수원의 정연섭 부장은 이 교육의 내용을 다음과 같이 소개한다.

'괌 사고 이후 대한항공이 기울이는 안전문화 향상 노력은 매우 각별하다. 2007년 교육에 참가 했을 때 대부분 참석자는 조종사, 부조종사였다. 안전문화 교육은 항공기 조작의 잘못을 조종사나 부조종사가 서로 자유롭게 지적할 수 있도록 분위기를 형성하는 것에서 출발했다. 또한 잘못된 조작을 발견했을 경우에도 적나라하게 지적하면 상대방의 기분을 상하게 할 수 있으므로 의사소통을 원할히 할 수 있는 대화법도 교육받았다. 대한항공은 이 교육을 괌 사고 이후부터 지속적으로 수행하여 왔는데, 교육을 개시한 이후부터 항공기 사고가 없어졌다고 자랑을 많이 했다.'

---

41) Malcolm Gladwell : Blink, Outlier, Tipping Point등의 저자로 독특한 주제와 해석을 다룸

42) Geert Hofstede, http://www.geerthofstede.nl/

43) PDI, Power Distance Index, 권력거리지수는 개인주의, 남성성, 불확실성 회피지수와 함께 홉스테드가 각국의 문화적 차이를 밝히고자 만든 모델

대한항공이 승무원 교육에서 줄이려고 노력했던 것이 바로 조종사와 부조종사 등 항공기를 운항하는 승무원 간의 권력거리다. 권력거리지수는 한 나라의 기관이나 조직에서 파워가 약한 구성원들이 권력이 불평등하게 분포되어 있음을 자연스럽게 받아들이는 정도다. 권력거리지수는 사회적인 불평등을 사회에서 얼마나 잘 받아들이는지를 측정하는 데 사용한다.

맬컴 글래드웰이 책에서 기술했듯이, 권력거리지수가 높으면 아랫사람이 윗사람에게 위험에 대해 쉽게 직언을 할 수 없다. 조종사가 비행기 조작을 잘못 하는 줄 뻔히 알면서도 이를 강력하게 경고하지 못한 대한항공 부조종사의 실수는 조직에서의 의사소통이 지나치게 수직적이고 하향 위주인 데서 연유한 것이다.

그렇다면 이 권력거리가 후쿠시마 원전 사고와 어떠한 연관성이 있는가? 원전의 안전과 권력거리는 어떻게 연결될 수 있는가?

먼저 직원과 관리자 간의 심리적 거리가 멀다는 점을 지적해야겠다. 심지어 전무와 사장간의 심리적 거리조차도 멀다. 이런 조직에서 부하직원이 직접 상사에게 다가가서 반대의견을 내놓는 일은 좀처럼 일어나지 않는다. 권력거리지수가 높을수록 산업안전에 문제가 생길 확률은 높아진다. 권력거리가 멀면 실제 거리가 아무리 가까워도 소통은 원활히 이루어지지 않는다.

후쿠시마 원전이 쓰나미로 인해 모든 전원이 상실되는 '블랙아웃'이 되었을 때 일본 원전에는 리더가 없었다. 일본 원전 사고가 어떻게 전개되었는지를 되돌려 보자.[44] 이 사건 이후 일본 자국과 한국

44) 본문의 내용 작성에는 한수원 중앙연구원의 정연섭 팀장이 작성한 '인간공

을 비롯한 많은 나라에서 분석과 함께 개선안이 도출되었다. 전문가들의 공통된 의견에 따르면 사건이 발생했을 때 일본이 크게 잘못한 부분이란 대체로 원자로를 냉각수가 없는 상태로 너무 오랜 시간 방치했다는 점이다.

후쿠시마 원전은 여러 가지 옵션이 있었다.

- 원자력안전보안원은 노심노출로 3월12일 오전 3시20 증기배출을 권고한다. 하지만 동경전력은 6시간가량 지나 증기 배출에 착수한다.
- 주민 대피명령 지연
- 냉각재 소진 후 해수 두입 지연
- 미국의 폐로를 전제한 발전기 펌프제공 기술지원 거부

발전소를 가장 잘 아는 발전소장이 바닷물이라도 주입해서 핵연료를 안전하게 냉각시켜야 한다고 건의했지만, 본사의 잘못된 결정 즉, '바닷물 주입을 보류하라'는 지시는 사건을 돌이킬 수 없는 지경으로 몰아넣었다. 일본의회의 원전사고 조사위원회는 후쿠시마 원전사고 당시, 간 나호토 총리의 과도한 개입으로 현장 명령계통에 혼란을 초래했다고 밝히면서 이는 명백한 인재라고 결론 내리고 있다.

왜 이런 일이 벌어졌을까.

어떠한 사고든 상황을 잘못 판단할 수는 있다. 후쿠시마 원전의 경우, 발전소장이 여러 차례 건의를 한 것으로 기록되어 있는 것으

---

학 측면에서 일본의 조직문화 분석' 자료가 이용되었다.

로 봐서 당시 제 1발전소장인 '요시다 마사오'는 상황을 정확하게 판단한 것으로 보인다. 그렇다면 문제의 핵심은 무엇인가? 이 문제를 정량적으로 분석할 길은 없는가?

나는 이 사고 후, 문제를 권력거리지수로 설명할 수 있지 않을까 하는 기대를 가지고 국가간 지수 비교결과를 살펴보았다. 이 지수는 권력거리가 가장 큰 나라를 100점, 가장 작은 나라가 0점이 되도록 상대점수를 매기고 있다. 예를 들어 말레이시아는 100점, 우리나라는 60점, 미국은 40점, 오스트리아는 11점 등이다. 그렇다면 일본은 얼마인가? 일본의 경우 54점으로 나와 있다.

일본의 권력거리지수가 우리나라 보다 낮은 것은 후쿠시마 사고를 타산지석으로 삼아야 하는 우리나라에 큰 교훈을 준다. 즉, 54점을 받은 나라가 권위주의적이고 수직적인 의사결정에 영향을 받아 문제를 걷잡을 수 없도록 악화시켰다면 지수 60점인 우리나라에서 큰 쓰나미로 인해 원전에 문제가 발생했다면 어떠했겠는가?

더욱 우려스러운 것은 홉스테드의 4개 모델에 의한 진단에 따른 결과이다.

- 권력거리(잘못된 상부의견 수용성): 모르코(1위), 한국(6위), 아일랜드(22위)
- 집단주의-개인주의: 과테말라(1위) 한국(9위) 미국(53위)
- 승자 독식주의: 일본(1위) 한국(41위) 스웨덴(53위)
- 불확실성회피(문서화 성향): 대만(1위): 한국(2위) 영국(22위)

이 분석결과에서 보이듯 우리나라는 잘못된 상부의견을 수용하는 경향이 매우 높고, 유연성보다 법조항과 같은 기준을 따라가는 성향이 일본보다 더욱 강하다. 후쿠시마 사고 이후 우리나라에서는, 일본은 매뉴얼에 너무 의존한 나머지 매뉴얼 조차도 커버하지 못하는 엄청난 자연재해 앞에 속수무책 이었다는 평가가 일반적인데, 문서에 의존하는 경향은 우리나라가 훨씬 높은 것으로 나왔으니 걱정이 앞선다.

앞으로는 발전소장의 리더십을 키우고 직원 간의 수직적 관계를 수평적 관계와 함께 조화시키는 일에 모든 노력을 기울이는 것이 후쿠시마 사고 이후 물리적 대책을 세우는 일 못지않게 중요할 것으로 보인다. 별 신경을 쓰지 않고 있는 것 같아 답답하기는 하지만 말이다. 아울러 본 사고로 인해 무엇보다 경계해야 할 것은 한국이 일본이 보유하고 있는 원전설비나 운영자 조직보다 우위에 있다고 속단하는 점이다.

말이 나온 김에 몇 가지 더 덧붙이고자 한다. 홈스테드가 정의한 권력거리 이외에도 평가 지표로 사용될 만한 것은 3개 정도가 더 있다. 한수원의 경우에는 회사 자체의 '안전문화지표'를 개발하여 내부 문화를 관리한다. 문제는 이 '안전문화지표'가 자주 변경되는데 있다. 오랫동안 지표로 관리된 조직의 안전문화 지표를 이용해서 장기간의 조직문화 변화 정도를 파악할 수 없다는 것에 문제가 있는 것이다.

후쿠시마 원전 사고 이후, 고리 1호기에서 정기 보수 시에 소내정전이 발생한 사건이 발생되었다. 한전에서 공급하는 외부 전원이 차단되었을 때 가동되어야 하는 비상디젤발전기가 어찌된 영문인지

돌지를 않았다. 이 문제는 발전소에 정전이 발생한지 약 12분 만에 다른 외부전원을 발전소에 공급하여 별다른 문제없이 정상상태를 유지하도록 함으로써 종료되었다.

통상 발전소의 소내정전이 발생했을 때는 약 10분의 여유시간을 주어 고리 1호기와 같이 외부에서 전기를 공급하도록 하고 있다. 따라서 공학적 판단으로만 보면 약 2분의 시간이 더 걸리기는 했지만 발전소의 조치는 적절한 것이었다.

문제는 이 경미한 사고를 정상적인 채널로 보고하지 않은 책임자의 안전문화 결여에 있었다. '핵안보정상회의'와 '국제원전협회(WNA)' 총회를 국내에서 개최하는 원자력계 경사를 앞두고 누(累)가 될 만한 일을 만들지 않겠다는 발전소장 이하 의사결정권자의 잘못된 판단이었다.

이 사건이 심각하게 받아들여져야 하는 것은 '누군가 보고를 고의로 누락했다'는 그 자체가 아니라 사내의 높은 권력거리가 작용한 사건이라는데 있다. 말콤 그래드웰이 지적한 것과 같이 우리나라의 높은 권력거리가 작용한 괌 항공기 사고와 같은 유형의 사건이라 것이 더 큰 문제다.

자체적인 '안전문화지표'를 잘 관리하고 있으나 정작 지표 자체가 이리 저리 바뀌는 사이 사내의 안전문화 트렌드가 어떻게 변화하고 있는지를 모르는 일이 발생한다. 큰 댐도 작은 구멍이 있으면 무너지게 된다. 이 작은 구멍을 조심해야 큰 사고를 막을 수 있다. 주제가 너무 심각했다. 아무튼 경영자, 관리자와 직원 간에 회식도 자주하고 놀러도 자주 가고 운동도 같이 즐기는 기회를 더 자주 가져야겠다.

## 6. 자신을 평가한다.

자신이 보는 조직에 대한 진단과 함께 자신이 보는 자신에 대한 설문도 같이 이루어졌다. 그 중 하나로 개인의 역량에 대한 자기 평가를 부탁하였다. 질문 항목은 다음과 같다.

- 나는 체계적인 사고를 하고 있다고 생각한다.
- 나는 문제해결 능력이 있다고 생각한다.
- 나는 의사소통 능력이 있다고 생각한다.
- 나는 문서작성 능력이 있다고 생각한다.

각 항목에 대해 100점 만점으로 점수를 매기도록 하였으며, 참고값으로 매우 그렇다는 100점, 그렇다는 80점, 보통은 50점, 거의 그렇지 않다는 30점을 배점하도록 안내하였다.

다음과 같은 설문을 통해 자신의 사회성에 대한 능력평가도 요청하였다.

- 나는 팀워크 능력이 있다.
- 나는 책임감이 있다.
- 나는 리더십이 있다.
- 나는 윤리적이다.

모두들 성실한 답변을 해 주었다. 이 지면을 빌어 설문에 참여해 준 여러분들께 감사드린다. 취합한 결과는 다음과 같다. 모집단인

KINGS 한국 학생 개개인에 대한 자기 평가와 한국 학생을 5개의 그룹으로 나누어 그룹으로 평가하도록 한 결과는 거의 편차가 없었다. 또한 한수원 직원들 중 일부를 대상으로 한 설문 결과도 국내 학생들의 경우와 유사했다.

외국 학생들에게 자기 평가를 하도록 한 결과, 문제해결 능력과 문서작성 능력 그리고 리더십의 항목에서 내국인들의 자기 평가결과보다 낮게 나타났다. 사실 저자의 주관적 평가로는 KINGS 외국 학생들의 자기평가가 내국인들과 현격한 차이를 보일만한 객관적 요인은 없는 것으로 생각된다. 우리 역시 문제해결 능력과 문서작성 능력, 그리고 리더십분야에 대해 많은 개선이 필요하지 않을까 한다.

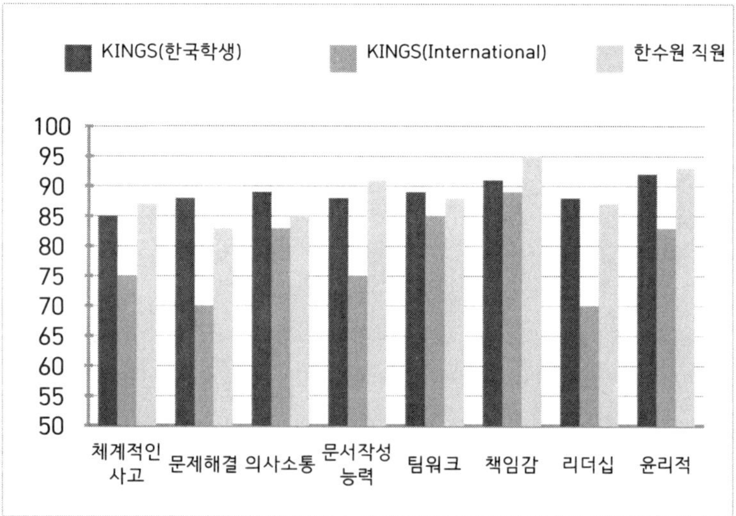

## 안다는 것과 느낀다는 것

고등학교 때 존 덴버의 'Take me home country road'라는 노래를 좋아했다. 통기타가 유행했고 팝송책이 불티나게 팔리던 아날로그 시대였다. 음자리표 위에 기타 코드가 적혀 있었고 영어를 잘 모르는 사람도 따라 부를 수 있도록 소리 나는 대로 우리말 발음을 옮겨 놓은 친절한 노래책이 있었던 오래된 어느 날이었다. 존 덴버의 이 노래는 G → Em → D로 전개되는 기본적인 코드를 사용하고 있어서 기타에 그리 익숙하지 못한 사람도 며칠이면 배울 수 있었다. 영어 노래 가사 발음도 쉽고 기타 코드도 별로 어렵지 않으니 기타 초심자가 배우기엔 딱 좋은 노래였다. 물론 팝송을 영어로 흥얼거리니 폼도 났다. (이것이 이 노래를 즐겨 부른 진짜 이유다) 소풍을 가거나 친구 집에 모여서도 노래를 했다 하면 '테이크 미 홈 컨츄리 로드'는 언제나 빠지지 않았다. 정말 아무것도 모르던 그러나 세상을 다 안다고 자부하던 우물 안 개구리의 시절이었다.

이 노래를 부르던 고등학생이 중년이 되어 세난도 국립공원을 찾은 것은 우연이었다. 토요일 오전 학생들이 빌린 차에 아무 생각 없이 동행한 내가 목적지에 대한 사전 지식이 전혀 없었던 것은 당연했다.

그저 제자들과 함께 머리를 식힌다는 의미 정도가 있을 뿐이었다, 물론 세난도 국립공원이 미국 민요 '세난도'에 나오는 그 곳이고 미국 동부에서 가장 유명한 공원 중 하나인 줄은 알지도 못했다.

버지니아 주의 패어팩스 시티에서 세난도까지는 차로 한 시간 반쯤 걸린다. 날씨도 좋고 바람도 상쾌한 기분 좋은 나들이다. 차는 프리웨이를 달리고 있다.

세난도에 가까워 질수록 뭔가 친근한 느낌이 온다. 나만이 아니라 동행하는 학생들에게도 그런 친근감이 오는지 마치 한국에 있는 기분이 든다고들 한다. 공원으로 가는 길도, 길옆의 경치도, 영동 고속도로쯤에 들어선 것 같다. 국립공원 입구를 알리는 표지판에 도착해서도 영어로 쓰여진 간판을 제외하고는 별로 낯선 느낌은 없다. 영어 간판이야 한국에도 흔하니까. 이러한 친근감은 차가 언덕을 올라가는 내내 계속되었다. 마치 설악산 어디쯤을 지나는 느낌이다. 하지만 뭔지 모를 정다움은 차가 언덕을 올라 정상에 있는 국립공원 안내소에 도착하자 바로 사라졌다. 광활하게 펼쳐진 발아래 세계와 너와를 덮은 목조건물에서 비로소 미국의 어느 곳에 우리가 있음을 실감할 수 있었다.

갑작스럽게 느낀 이러한 어색함은 안내소에서 방영하는 세난도 국립공원 홍보 영상을 보면서 다시금 열어져 갔다. 영상 뒤에 흐르는 미국 민요 '세난도' 때문이었다. 루즈벨트 대통령 시절인 1930년대에 이곳이 세난도 국립공원으로 지정되었고, 사람들이 가장 사랑하는 동부의 자연 명소가 되었다는 내용이 부드러운 성우의 목소리를 타고 귀에 맴돈다.

오 세난도여. 강 물결을 따라 떠나간 그대여 내 그대를
그리워하노라.
Oh Shenandoah, I long to see you, Away you
rolling river.
오 세난도여 나도 떠나가려니. 저 넓디넓은 미주리
강을 건너서.
Oh Shenandoah, I long to see you,
Away, I'm bound away, 'cross the wide
Missouri.

어린 시절 불렀던 미국 민요를 간간히 기억하고 있는 내 후천적 유전자는 이곳에 대한 호기심을 발동시킨다. 인디언 말로 '별의 딸'이라는 아름다운 뜻을 가진 세난도. 존 바에스의 가녀린 목소리가 가슴을 울린다.

이제 세난도는 머릿속에서 그리던 그러한 곳이 아니다. 광활한 미국의 대륙 위에 우뚝 솟은 지붕과 같은 산이 있는 곳이고, 구불구불 천리를 거쳐 흐르는 강으로 나뉜, 어쩌면 돌아오지 못할 길이다. 산은 깊고 강은 길다. 중고등학교 음악 교과서에는 미국 민요가 많다. 켄터키의 옛집과 홍하의 골짜기 등 소박하고 정다운 모습이 그려지는 미국이란 곳은 어릴 적의 드림랜드였다. 경제개발과 독재가 판치던 중고등학교 시절, 국민교육헌장을 부르고 집집마다 쥐를 잡고 그 꼬리를 잘라 선생님에게 내던 그러한 시절에 홍하의 골짜기와 켄터키의 옛집이 주는 정겨움은 어떠했을까?

노래로 아는 이 곳. 하지만 내가 부르던 세난도는 정다움이 가득한 노래의 그곳이 아니었다. 떠나는 사람과 떠나가는 사람이 부르는 아픈 이별의 노래였다. 마치 대전발 영시 오십 분을 외치던 옛 가수의 노래와 같이.

안내소에서 나와 차에 오른다. 차는 산 정상에 난 구불구불한 도로를 달린다. 마치 백두대간 정상을 힘차게 종주하듯 우리의 애마는 산길을 달린다.

이 길은 사람들의 헐떡이는 숨과 땀을 요구하지 않는다. 그저 또 하나의 등산 법을 알게 한다. 자고로 산이란, 발가락 끝에 힘을 주고 뚜벅 뚜벅 숨을 고르며 한 발짝씩 오르는 신성한 곳만은 아님을 깨닫게 한다.

인간의 할 일이란 그저 중간 중간 전망이 좋은 곳에 마련된 쉼터에서 산 아래 저 멀리의 모습을 눈과 가슴에 담는 것뿐. 마치 신이 되어 세상을 바라보는 색다른 조망의 기쁨을 주는 이 곳은 백록담 정상에서 내려다보는 서귀포시의 전망과 같이 하늘위에서 세상을 보게 한다. 다만 인간 세상을 훔쳐보는 듯한 백록담 아래의 풍광과는 달리 이곳에서 보는 모든 것은 그저 초록이요, 자연이라는 것.

차를 세우고 경치를 조망하는 것도 시들해간다. 차에서 내리기도 귀찮다. 차는 남쪽 산맥의 끝을 향해 달린다. 또 다른 깨달음을 얻을 때까지. 차창 밖으로 '블루 릿지 Blue Ridge'라는 팻말이 보인다. '세난도와 블루 릿지' 어디서 많이 들어본 지명의 조합이다. 어디서 들었더라? 잠시 후 머릿속이 차오르면서 노래 한 곡이 떠오른다. 그리고 경비행기 사고로 죽은 존 덴버와 내가 좋아하던 노래 첫 마디를 꺼내본다. 그리고는 다시 주위를 살펴본다. 아! 한 편의 시가 노래 속에 담겨 있다.

천국과 같은 곳 웨스트버지니아여, 블루 릿지 산이 있고 세난도 강이 있는 곳. 이곳에서 인생이란 나무보다는 오래되었으나 산보다는 젊다. 인생은 이곳에서 바람결처럼 흘러간다.

Almost heaven west Virginia, Blue ridge mountains Shenandoah river. Life is old there older than the trees, Younger than the mountains blowin' like a breeze.

그렇다 '블루 릿지 산'에서는 바람결을 느껴야 한다. 눈에 보이는 세계가 아니라 내 얼굴을 어루만지는 바람의 세계에서 인생의 흐름을 느껴야 하는 것이다. 내 상상 속의 '컨츄리 로드'는 미국 어느 깡촌을 그려냈을 뿐. 존 덴버가 노래 첫 머리에서 속삭이는 '천국과 같다 Almost heaven'라는 뜻은 이곳을 오르지 않고는 결코 느낄 수 없다. 오르지 않은 자에게는 은유의 세계일 뿐이나 오른 자에게는 직설의 세계로 변하는 곳이 바로 이 곳 '블루 릿지'다.

이곳의 전경에서 소박한 시골길을 생각해 내기란 여간 어려운 일이 아니다. 발아래 펼쳐지는 아름다운 자연은 '시골길로 날 보내주오 take me home country road'의 제목에 담기에는 너무 거대하다. 아니 웅혼하다 라는 표현이 맞을지 모르겠다. 베토벤의 합창 교향곡 정도는 되어야 이 곳의 스케일 감과 자연의 위대함을 표현할 수 있지 않을까.

세난도의 유명한 또 한 곳. 형형색색의 종유석이 빛을 받아 반짝이는 환상의 세계, '루레이 동굴'을 탐험한다.

‘명계冥界’를 지키는 ‘플루토의 망령’을 지나니 동굴 속 얕은 연못에 반사된 예쁜 종유석이 만들어 내는 ‘미니에이쳐’가 우리를 반긴다. 디즈니가 만든 신데렐라 성과 같은 모습에서 자연을 느끼기란 쉽지 않다. 소우주와 같은 이곳에서는 자연보다는 환타지 영화 속 한 장면을 정지시킨 듯한 착각을 들게 한다.

아기자기한 종유석이 만들어내는 보석과 같은 모습이 아쉬워 출구를 향하는 내내 뒤를 돌아다본다. 길게 이어진 출구의 마지막 계단 위에서 마지막으로 동굴의 전체를 눈에 담는다. 그리고 오늘을 마무리한다.

하룻길의 짧은 여정을 마치고 돌아오는 길 위에는 수많은 신호등이 펴진다. 모두들 노랗고 빨갛게 채색한 자기 존재를 세상에 알리느라 정신이 없다. 강렬하던 석양이 옅어져 가는 길 위에서 남을 바라본다. 그리고 나를 본다. 내 속의 나를 본다.

유홍준은 ‘인간은 아는 만큼 느낄 뿐이며, 느낀 만큼 보인다’고 말했다. 정조 때 문인 유한준도 ‘사랑하면 알게 되고 알면 보이나니, 그때 보이는 것은 전과 같지 않으리라’고 말했다던가.

하루를 정리하면서 오늘 내가 안 것이 무엇이었는지를 떠올려 본다. 어릴 적 품었던 상상의 세계를 벗어나 사실의 세계를 비로소 탐사한 나에게 오늘의 짧은 여행은 어떤 의미가 있을까?

눈으로 새긴 정경을 간직하고 있는 내 머리는 웅대한 자연을 재생하고 있건만, 고등학생의 정서를 간직한 내 가슴은 '웨스트버지니아의 시골길'의 소박함을 꿈꾸고 내 머리 속 세상을 자꾸만 멀리한다.

이제 잠자리에 들 시간이다. 어렴풋이 고등학교 시절 통기타를 치며 같이 놀던 친구들을 떠올리고, 그 때의 느낌으로 존 덴버의 노래를 불러본다.

시골길로 날 보내주오. 푸른 산등성이와 세난도 강이 있는 그곳으로. 그리곤 오늘 바라본 산하의 느낌을 되새기며 싯귀와 같은 가사를 조용히 암송해 본다. 이제 어릴 적 기억이 전해 주는 소박함과 흥겨움과는 이별할 시간이 왔다.

이곳에서 인생이란 나무 보다는 오래되었으나 산보다는 젊다. 인생은 이곳에서 바람결처럼 흘러간다.

가슴 한쪽이 먹먹해 지면서 뭔가 모를 외로움이 밀려온다. 과연 나는 오늘의 느낌을 계속해서 사랑할 수 있을까?

2012년 6월 24일 쓰다.

# 제3장

# 우리의 원전기술 어디로 가고 있는가 ?

## 1. 우리는 지금 어디쯤 와 있는가?

전 세계에 약 350기 정도의 원자력발전소가 가동 되고 있다. 그런데 약 20기가 가동되는 한국의 이용률은 지속적으로 세계 1위를 차지한다. 혹자는 얘기한다. 그건 숫자놀음의 결과라고. 하지만 정말 그럴까? 이용 율은 원전 설비를 얼마나 효율적이고 안정적으로 운영하는가를 볼 수 있는 척도다. 그럼에도 다른 나라의 발전사들은 안전에 더욱 신경을 쓰기 위해 전력생산을 일부러 적게 하는 것인가? 생각을 바꿔보자. 미국과 일본의 발전소는 국가소유가 아니다. 물론 우리나라도 극히 소수의 발전소들이 철강회사 등의 소유이기는 하지만 대부분 정부의 소유이다. 따라서 국영과 민영 중 누가 더 소득에 민감한 구조인가를 따져보면 이용률 세계 1위를 한국이 몇 년씩이나 유지할 수 있었다는 사실이 기적처럼 느껴진다.

한국 원전산업이 발전한 근간에는 바른 시점에 바른 의사결정을 통해 결정한 중간 진입이 있었다고 말한다. 이는 자본도 기술도 부족한 우리나라가 취할 수 있는 가장 적절한 전략이었다. 기초가 되는 기술과 그 응용연구 결과는 외국으로부터 사오고 이를 이용하여 자력으로 원전을 건설한 것이다. 중간 진입을 하니 초기 개발과정에 필요한 엄청난 자본 투자도 필요 없을 뿐 아니라 이미 선두를 달리는 '형님' 들에게 모든 것을 묻고 배울 수 있으니 시간도 절약할 수 있었다. 우리나라에겐 참으로 유용했던 전략이다. 원전 산업이 지금처럼 발달한 것은 모두 중간진입 전략이 이루어낸 결과다.

중간진입단계 이후 채택할 수 있는 전략으로는 IT 선두업체인 애플이 구사하는 빠른 이동자(Fast Mover) 전략과 애플을 바짝 추적하는 삼성이 구사하는 빠른 추격자(Fast follower) 전략이다. Fast

Mover의 전략은 선두 리더(Leader)의 전략이라고 표현하기도 한다. 빠른 이동자는 발 빠르게 움직여 후발주자로 하여금 감히 도전하지 못하게 하는 전략이다. 하지만 원자력발전의 특성상 매번 혁신과 개선을 통해 무언가 새로운 것을 끊임없이 내 놓을 순 없으니 이 표현 대신 리더로 표기하도록 하자.

빠른 추격자에 대해 좀 더 알아보자. 이 전략은 기술의 축적이 충분히 이루어지고 저가 위주의 시장을 탈피하여 좀 더 고급화된 시장으로 진출하려는 시점에서 사용된다. 추격자는 영원한 2등이 아니다. 1등과 대등한 실력을 갖추는 것이 필요하다. 마라톤 선수가 힘은 최대한 아끼면서 선두를 바짝 따르다가 결정적인 때에 젖 먹던 힘을 다해 스퍼트를 하여 우승하는 것과 같은 이치다. 이 전략을 사용할 때, 마지막 스퍼트가 없으면 힘은 힘대로 빼면서 결과는 신통치 않을 수 있으니 신중해야 한다. '우사인 볼트'가 폭발적인 힘을 발휘한 런던 올림픽 남자 100미터 달리기에서는 '빠른 추격자'가 불가능했다. 그러나 1500미터 육상경기 정도만 되면 마지막 스퍼트에서 선두를 제치고 금메달을 목에 거는 일이 가능하다. 100미터 달리기는 포기하고 1500미터 정도의 끈기를 요구하는 달리기 종목에 선택과 집중을 하는 전략의 가변성도 빠른 추격자가 갖추어야 할 사항이다.

자 이제 중간 진입의 완성, 빠른 추격자, 그리고 선두 리더의 자리를 놓고 우리 원자력 발전기술의 현재를 진단해 보자. 지금 우리는 어느 단계에 와 있는가. 원자력발전소를 개발 수출하고 있는 현재도 복제와 모방을 위주로 하고 있는 중간 진입단계에 그치고 있는 것인가? 아니면 이미 수출의 단계를 넘어섰으니 빠른 추격자의 단계로 진입한 것인가. 혹시 리더로서의 당당한 위치를 점하고 있는 것은 아닐까? 우리의 현 위치를 아는 것은 매우 흥미롭고도 필요한 일이 아닐까 한다. 그래서 사람들에게 또 물었다.

우리의 현재 위치를 알려 달라!

## 2. 설문을 돌리다.

원자력 관련 인사들에 대한 설문의 결과는 일반적으로 느끼고 있는 내용에서 벗어나지 않았다. 우리는 빠른 추격자의 위치에 있다는데 대부분 동의했다. 마치 애플을 좇아가는 삼성과 같이 선두를 바짝 추적하면서 언제든 선두를 제치고 앞으로 나갈 수 있는 '빠른 추격자'의 대열에 섰다는 것이다. 아래의 표에서 보이는 것과 같이 선두리너의 내열에 이미 진입하였다는 자신감을 보이는 의견과 아직 복제와 모방의 단계를 벗어나지 못하고 있다는 의견도 일부 있기는 했다.

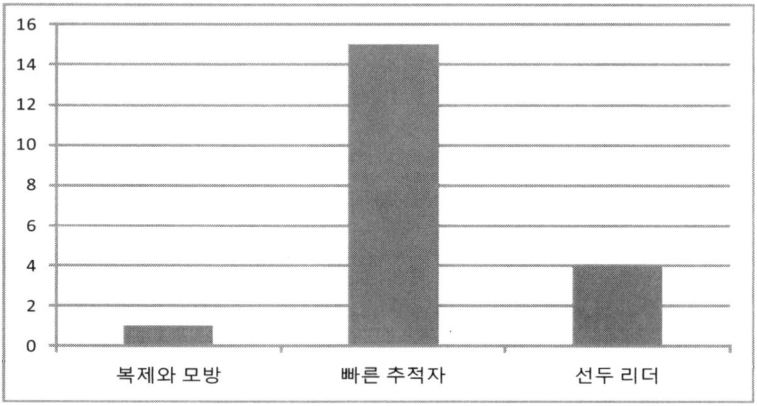

## 3. 원자력발전 산업화 전략의 단계

우리나라의 과학 기술의 개발의 근대사는 선진국과 도대체 경쟁이 가능한 수준이 아니었다. 영국의 산업혁명 이후 유럽과 미국 그리고 일본에 이르기까지 백여 년의 기간 동안 축적된 과학기술의 힘은 좀처럼 따라잡기 어려운 것이었다. 하루만 지나도 기술이 달라지고 새로운 이론이 나오니 후발주자에겐 여간 힘들지 않았다. 하지만 우리의 장점은 무엇이었던가? '빨리빨리'다. 지고는 못사는 국민성과 맞물려 산업화 50여년 만에 외국과 경쟁이 가능하게 되었다. 우리가 빠른 추격자를 자처하게 된 데에는 이와 같은 사회, 문화적 특성도 크게 작용했을 것이다.

21세기 한국 원전의 산업화 전략을 논하기에 앞서 먼저 중간진입 전략은 완성되었는가를 알아보는 것도 의미가 있을 것 같다. 중간진입 전략은 기술의 숙성단계 중에서 어느 점에 진입하는가를 결정하는 것이 관건이다. 새로운 연구개발이 이루어질 경우 초기투자비는 당연히 기술이 완전히 성숙된 후에 진입하는 것이 적게 든다. 하지만 초기 투자비가 줄어드는 만큼 기술의 선두주자에게 지급해야하는 로열티 액수가 크게 증가한다는데 문제가 있다. 따라서 초기투자비와 로열티를 곱한 금액이 가장 저렴한 시점이 바로 후발주자가 취해야하는 최적의 진입점이다.

우리나라는 원자력 발전 기술을 도입하면서 투자비와 로얄티의 부담이 가장 낮아지는 지점을 중간진입점으로 선택했다. 아울러 원전 선진국에서 발생한 TMI 사고와 체르노빌 사고는 원자력기술의 진입 장벽을 크게 낮추었으니 중간진입의 절묘한 타이밍 역시 우리에게는 큰 행운으로 작용하였다.

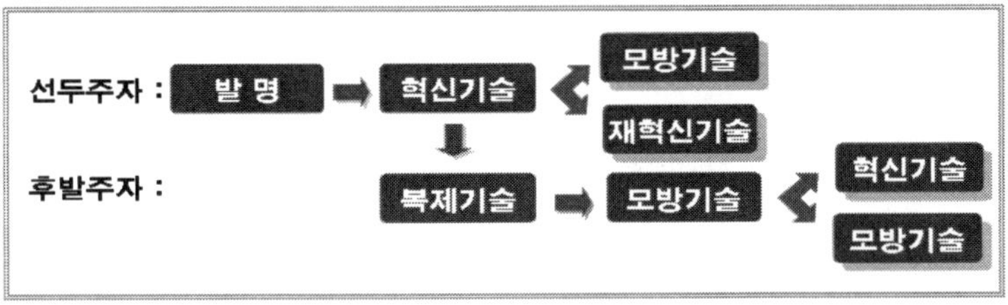

45)

여기 선두주자와 후발주자가 있다. 후발주자는 중간진입을 통해 복제와 모방을 거친다. 만일 후발주자가 중간진입 이후 계속적으로 복제와 모방에 그친다면 선두주자로 이동할 수 없다. 그렇다면 문제는 선두주자와 빠른 추격자의 차이이다. 선두주자가 재 혁신을 이룰 동안, 빠른 추격자는 복제와 모방을 통해 자체적인 혁신을 이룬다.

이 혁신과정은 스스로가 아이디어를 내고 이를 검증하는 노력이 필요하다. 아이디어의 실효성과 정확성을 확인해야 하는 것이다. 검증된 아이디어를 바탕으로 새로운 제품이 만들어 진다. 후발주자의 혁신은 종종 과거와는 전혀 다른 성능이나 경쟁 요소를 지닌 파괴적 혁신으로 이루어진다. 그러나 혁신과정은 막대한 투자가 필요하고 기술개발에 실패할 경우 치명적일 수 있다. 시장에서 성공하지 못하는 기술은 혁신기술로 인정받지 못하기 때문이다.

모방단계를 혁신단계로 전환하지 못하는 가장 큰 요인으로는 기업의 유연하지 못한 사고 때문이다. 모방에 의한 성공의 단맛을 잊지 못한 기업이 기존의 가치관과 사업 운영 방식을 고집하는 사이 시장이 변화한다. 이와 같은 문제는 상황과 환경이 변화함에도 불구하고 기존의 성공공식만을 고집하는 사고의 경직성에서 생긴다. 특히 일사불란한 명령체계와 권위주의적 조직문화에 많은 부분을 의탁하고

45) 김동수, 한국의 원전 발달과정 설명자료에서 인용

있는 한국 원전산업이 유념해야 할 부분이다.

## 가. 중간진입은 완성되었는가?

다음 단계인 빠른 추격자를 언급하기 전에 과연 중간진입은 완성된 것인가를 점검하는 것이 중요하다. 잘 알려진 바와 같이 중간진입의 기술도입 대상자로 컴버스천 엔지니어링사[46](CE)가 선정되면서 많은 설계인력들은 그간의 '무엇what'를 아는 것에서 '어떻게how'를 아는 것으로 관심을 돌리게 되었다.

1987년 컴버스천 엔지니어링사와 체결한 기술도입계약[47]은 1차로 1987년부터 1997년까지 효력을 발휘했다. 이는 그 당시 추진 중이던 영광 3,4호기 건설과 병행하여 1,000 MW급 가압경수로의 복제건설 기술능력 확보와 설계 및 제작기술 국산화를 목적으로 기술실시권의 도입을 하는 것이 주요 대상이었다.[48] 이후 1997년 6월에는 기술도입계약의 시한이 만료됨에 따라 도입기술(특허, 저작권, 전산코드 등)의 실시권 연장 및 영구적 권리 확보를 위하여 추가적인 기술협정[49]을 체결하였다. 체결된 주요 내용은 다음과 같다.

- 기술협력, 기술개발 및 해외사업분야 협력강화를 위한 기술협협정체결
- 도입기술의 실시권 연장 및 영구적 권리확보를 위한 기술사용협정[50]

---

46) Combustion Engineering : 현재는 웨스팅하우스로 흡수
47) TTA : Technology Transfer Agreement)
48) 한전 전력연구원, 원자력발전산업의 해외수출전략 개발, 2007. 10에서 내용을 발췌하여 수록하였다.
49) TCA : Technology Cooperation Agreement

이 협정 체결 내용을 살펴보면 우리의 기회와 약점이 명확하게 드러난다. 우선 기술분야에 대한 내용이다. 이 협정은 핵증기공급계통[51]의 설계 및 제작과 연료와 노심설계를 지원하는 것을 골자로 하고 있다. 이는 원자력발전소 설계의 핵심사항이다. 기술협정에 의해 우리가 얻은 기술의 형태는 핵심분야의 기술자료, 특허, CE가 개발하여 설계에 사용하는 코드, 그리고 제 3자 제한코드다.

이를테면 모든 설계 자료와 설계자료를 생성하기 위해 필요한 계산도구를 CE에 전적으로 의존하면서 제한 없이 사용하는 것이다. 참으로 달콤한 유혹이 아닐 수 없다. 계통설계를 수행해본 나로서도 이러한 자료의 지원은 참으로 고마운 것이었다. 기초부터 설계를 수행할 필요도 없고 이를 검증하는데 많은 시간을 투자할 필요도 없으니 단기간에 성과를 낼 수도 있다. 하지만 모든 설계자료를 CE에게 의존하다 보면 정작 설계를 10년 이상 수행한 엔지니어에게도 별다른 고유 지식은 남지 않는다.

중간진입 성공의 이면에는 어떠한 그늘이 남아 있는가? 바로 기술의 종속성이다. 선두주자의 기술을 카피하여 쉽게 얻을 수 있으니 무슨 일이든 문제가 생기면 형님에게 물어 볼 생각부터 한다. 일부 사람이 자조적으로 말하는 '제록스 엔지니어'가 바로 대표적인 중간진입의 폐해이다. 또 한가지 문제는 이 형님들이 더 이상 존재하지 않는다는 것이다. 대부분 미국 원전 1세대 기술자들이 퇴직한 이후에는 기술 지원을 요청해도 신참이 오니 의지할 곳도 더 이상 없다. 미국에서도 원전 개발 1세대가 사라지고 있는 것이다.

50) LA : License Agreement
51) NSSS : Nuclear Steam Supply System

2012년 우리 정부는 신울진 1,2호기 건설을 개시하면서 100% 국산화 기술을 천명했다. 그럼에도 불구하고 우리의 원전이 혁신의 산물인지에 대해서는 이론이 적지 않다. 바닥은 완전히 다져진 것인지, 'Know-why'의 영역까지도 습득한 것인지에 대한 자신이 없는 것이다. 물론 설계자는 자신이 가야할 길을 명확히 인식하고 있다. 문제는 모두들 너무 바쁘다는 것이다. 한 사람의 설계자가 서너 개 프로젝트 설계를 동시에 진행하니 기초부터 차근히 다져갈 시간이 부족하다.

초기 기술도입 시절과 같이 Know-why의 부족한 부분을 채우는 기회를 다시 한번 가져야 하지 않을까? 하나의 작품을 만드는데 드는 땀의 총량은 같다. 미국인이 흘린 1톤의 땀의 결과물을 1킬로그램만 흘리고 얻을 순 없다. 다만 더욱 분발해 땀을 흘리는 시간만을 줄일 수 있을 뿐이다.

## 4. 빠른 추격자 진입의 증거를 찾아보자.

우리가 선두를 바짝 뒤쫓고 있다고 생각하는가? 런던 올림픽 800미터 중거리는 '중거리의 우사인 볼트'라 불리는 케냐의 '루디샤'가 대세다. 이 선수를 뛰어넘는 것은 보통 어려운 일이 아니다. 빠른 추격자는 종종 선두보다 서너 걸음 뒤 떨어져 좇아가는 사람으로 그려진다. 결코 경쟁력이 없어서도 기술력이 모자라서도 아닌 것이다. 선두의 뒤에 서서 선두주자가 내어 놓은 제품에 대해 시장이 어떻게 반응하는 가를 보고 좇아가는 빠른 추격자의 전략이 항상 성공하는 것도 아니다. 언제나 성공한다면 어느 누가 위험도를 감수하고 선두주자에 서겠는가?

우리를 평가하는 우리는 냉정해져야 한다. 미국의 원자력기술 역량은 우리의 10배 이상 앞서고 있다. 2차 대전을 통해 원자력기술을 발전시킨 미국의 원자력기술 개발은 약 60~70년에 이른다. 특히 상업로의 개발에는 원자폭탄 개발의 경우와 같이 많은 과학자가 참여하였다. 원자력발전기술은 20세기 미국의 지식을 모두 결집한 결과물이었던 것이다. 하지만 우리의 두뇌 집단의 역량은 미국의 그것과 너무도 차이가 난다. 질과 양 모두에서 현격한 차이를 보인다. 특히 기초과학의 수준은 아직은 비교할 수 없을 정도다.

그렇다면 손을 놓고 질적, 양적인 차이가 줄어들 때까지 기다려야 할 것인가? 이 점이 딜레마다. 그리고 우리가 자주 쓰는 용어, 선택과 집중이 생겨난다. 수확체감의 법칙[52]은 상대비용 체증의 법칙이나

52) 토머스 맬서스(Thomas R. Malthus)와 데이비드 리카도(David Ricardo)에 의해 주장된 이론으로 일정 크기의 토지에 노동력을 추가로 투입할 때, 수확량의 증가가 노동력의 증가를 따라가지 못한다는 이론

기회비용 체증의 법칙을 이용해 최대의 투자효율을 얻는 시점을 선택하는 것이다. 신울진 1, 2호기를 착공하면서 우리는 100% 기술자립이라는 표현을 쓴다. 원자력발전 수출산업화 전략인 Nutech-2012의 결과로 완성된 원전계측제어설비, 원자로냉각재 펌프, 핵심원전해석코드를 끝으로 모든 기술이 자립되었다고 간주하는 것이다. 원자력계[53]의 역량을 모아 최대의 투자효율을 얻는 방법으로 핵심기술을 확보하는 것, 그것이 바로 우리가 취한 전략이었다.

정부와 민간의 연구개발에 대한 투자 현황을 살펴보자. OECD가 발표한 '2012년 과학기술산업전망' 보고서에 따르면 우리나라 기업의 연구개발 지출은 2001년부터 2010년 기간 동안 연평균 9.5%씩 증가했다[54]. 이는 회원국 중 상위 5위 이내에 드는 좋은 실적이다. 대학과 공공기관의 특허 역시 상위 5개국 이내에 드는 등 전반적인 연구개발의 실적은 우수한 것으로 보고되고 있다. 2008년도 지경부 자료에 의하면 정부 R&D 비용 10억원당 특허출원 건수는 0.7건인 반면 민간 R&D 비용 10억원당 특허출원 건수는 5.3건으로 조사되었다. 이는 민간주도의 연구개발이 대부분 실용화연구에 초점을 맞추고 있기 때문으로 판단된다.

원자력분야에 대한 연구개발 성과는 한국에너지기술평가원[55]의 발표자료에서도 찾을 수 있다. 에기평에 따르면 2001년부터 2011년까지 원자력관련 원천기술개발사업에만 약 5천3백억원 정도가 투자되었다고 한다. 이 연구개발을 통해 매년 평균 25건 이상의 특허가 등록되고 있고 시제품 출시건수 역시 연 80여건에 이르는 것으로 발

53) 원전계측제어설비, 냉각재 펌프 및 원전해석코드 개발에는 원자력연구원 등의 연구기관, 원전 산업체, 그리고 대학 등이 모두 참여하였다

54) 서울신문, 2012년 9월 18일자에서 인용

55) www.ketep.re.kr, 이하 에기평으로 줄여 부름

표되고 있다. 전력에너지분야의 인재양성 사업의 결과도 괄목할 만하다. 2001년부터 2010년까지 이 프로그램에 의해 배출된 학·석·박사 학위자는 14,000여명에 이르고 실무인력의 재교육은 약 63,000명 정도가 참여한 것으로 나타났다. 이러한 성과에도 불구하고 수정되어야 할 문제점도 보인다. R&D 기금에 대한 대기업과 출연기관의 독식현상이 너무도 심한 것이다. 2008년도의 경우 총 65개 과제 중 전체의 85%인 45개 과제가 대기업과 출연연구소 등에 지원되었다. 중소기업은 고작 12%의 지원만 받았다.

우리의 원자력산업이 빠른 추격자로서 자리매김을 단단히 하고 있는가를 묻는다면 결코 우리 자신을 과장해서는 아니 된다고 말해 주고 싶다. 원자력선발자들의 기술을 다 베낀 것인지, 베낀 결과를 우리 자신의 것으로 바꾸었는지를 묻는다면 아직 '예'라고 답하기는 어렵다. 솔직한 사람이라면 말이다. 우리의 역량은 원전 선진국인 미국을 좇아가기에도 정말 바쁘다. 그럼에도 불구하고 특유의 '빨리빨리' 정신은 우리를 항상 자극한다. 우리의 자율신경은 우리를 항상 움직이게 한다. 멈추어 있으면 '찌릿찌릿' 뇌에서 명령이 온다. '빨리 움직여!'라고. 그래서 빠른 추격자가 되는 것이다.

## 5. 2013년의 우리 원자력은 어떤 길을 선택해야 할까?

삼성전자는 누가 무어라 해도 빠른 추격자다. 스마트폰 시장에서 2년 이상 뒤진 삼성전자는 이제 시장 점유율에서 애플을 두 배 이상 앞서고 있다. 경쟁자인 애플에는 이제 잡스도 없다. 잡스가 없는 애플은 어찌 될 것인가? 아니 잡스가 없는 삼성은 어찌 될 것인가? 매일경제 노원명 기자는 '애플과 삼성전자 간 소송이 격화일로를 치닫는 것은 스마트폰 시장에서 더 이상 혁신이 나오지 못하는데 기인한 현상일 수 있다. 어쩌면 삼성전자의 경쟁력은 잡스 같은 '위대한 이노베이터'가 라이벌로 존재할 때 더 빛날지도 모른다. 따라가야 할 목표점이 명확하기 때문이다.'[56]라고 쓰고 있다.

삼성과 애플의 진정한 차이는 무엇일까? 애플의 힘은 애플을 추종하는 수많은 매니어층과 강력한 브렌드 이미지 그리고 넓은 판매망에서 온다고 한다. 빠른 추격자인 삼성으로서도 참으로 얻고 싶고 갖고 싶은 것이다. 이러한 차이는 어디에 왔을까? 한국의 대기업들은 베끼기와 선택과 집중을 통해 제한된 자원을 소수 업종에 쏟아부음으로써 선두 기업을 바짝 뒤 좇았다. 그런데 21세기가 얼마 지나지 않아 시장이 변하기 시작했다. 애플과 구글은 더 이상 하드웨어 위주의 기술시장이 주인공이 될 수 없음을 입증했다. 소프트웨어라는 새로운 기술시장이 열린 것이다. 또한 기술 지상주의에 대한 반성은 전혀 예상치 못한 곳에서 일어났다. 바로 예술의 영역이었다. 애플은 기술과 예술이 만날 때 얼마나 큰 시너지를 낼 수 있는지를 보여주었다. 애플은 인간을 이해하는 또는 예술적 영역을 자기기술의 정체성으로 삼았다.[57] 인간을 위한 기술, 그것이 21세기에 요구되는 기술 영역이다.

---

56) 매일경제, 2012년 8월 31일자, 삼성전자 주가 200만원의 조건에서 부분인용
57) 과학동아, 2012년 10월호 게재내용을 참조하여 재구성

우리에게 가능한 인간을 위한 기술은 무엇인가? 필자의 경험과 지식이 일천하여 크게 제시할 것은 없지만 우리의 수출전략국이 동남아와 중동인 것에 주목해야 할 필요는 있다. 미국인과 캐나다인의 사고방식이 다르고, 프랑스 인과는 신체 구조에서부터 차이가 있다. 울진 1,2호기 건설시 많은 프랑스 기술자가 사택에 기거하면서 일을 했다. 고리원전의 건설시 벡텔이나 웨스팅하우스, GEC 기술자들과 같이 일을 해본 나로서는 우리와 비슷한 키에 몸집이 크지 않은 그들이 낯설지 않았다. 큰 코와 머리카락 색깔 정도만 차이 날 뿐 신체적인 조건은 차이가 없었다. 남편을 따라온 프랑스 여인네들의 모습은 단아해 보였다. 그들은 농경문화 속에 커온 민족이어서 그런지 우리와 정서도 비슷한 점이 있었다. 그들의 원전을 돌아보니 더욱 그러했다. 그들의 원전은 배치도 다르고 특히 시스템이나 부품의 크기와 색상조차도 달랐다. 미국으로부터 기술도입을 받아 국산화한 원전임에도 많은 부분 그들의 문화가 녹아 있었다.

내가 강조하고 싶은 점은 바로 이것이다. 어차피 삼성과 애플의 예에서도 볼 수 있듯이 하드웨어적인 차이점은 별로 없다. 이제는 소프트파워가 중요하다. 인간이 보다 편안하고 쉽게 운전과 보수를 할 수 있는 발전소를 건설하자는 것이다.

원자력의 기술을 초기 도입하여 세계시장에서 잘 팔고 있는 프랑스의 경우와 우리를 비교해 보자. 프랑스는 웨스팅하우스로부터 900 MWe급 3루프 원전 2기를 복제 생산한 이후 이를 국산화하여 자국에 34기 외국에 10기를 판매하였고, 1300 MWe급 P4와 이의 출력을 높인 1400 MWe급 N4를 개발하였으며 현재는 국제시장에 1650 MWe급 EPR 원전을 수출하고 있다. 이는 초기 직수입 단계를 배제하고 복제생산부터 시작하였고 또한 기술 영구실시권을 초기에 확보

했기에 가능했다. 한국도 프랑스의 원전 정책과 거의 유사한 단계를 거치고 있다. 다만 국내 기술력의 한계로 인해 초기 직도입을 장기간 실시하여 충분한 운전경험을 쌓은 후 국산화 전략으로 이전한 점이 다를 뿐이다.

| 국 가 | 초기 도입 | 복제 생산 | 국산화 개발 | 독자생산 |
|---|---|---|---|---|
| 한국 | 웨스팅하우스<br>프라마톰<br>AECL | KSNP<br>OPR1000 | APR1400 | APR+ |
| 프랑스[58] | | 웨스팅하우스<br>900MWe | 3-loop<br>900MWe | P4, N4, EPR |

이와 같은 원전 도입 사례는 우리 군대의 소총도입 및 개발사와 거의 유사하기에 재미삼아 여기 적어본다.

대학시설 '문무대' 병영훈련을 갔을 때 쏴봤던 M1 갤런드 소총은 발사 시 대포소리가 났다. 엄청 무거워 키 작은 친구들은 질질 땅바닥에 끌고 다니다시피 했다. 내가 군대 가서 지급받은 M16 소총은 크기는 M1 소총과 별로 차이가 없었지만 플라스틱이 많이 사용되어 가벼웠다. 요즈음 군인들은 국산화된 K2 자동소총을 사용한다. 필요하면 개머리판은 접을 수도 있다. 크기도 작고 작동도 잘되고 무엇보다 가벼워 메고 다니기 좋다. 동남아나 중남미 국가에 수출도 하고 있다고 한다.

58) www.world-nuclear.org 자료 참조

| 소 총 명 | M1 | M16 | K2 |
|---|---|---|---|
| 취득방법 | 군사원조 | 면허생산 | 국산화 완전개발 |
| 특 징 | 무겁고 크다 | 가볍지만 크다 | 작고 가볍다.<br>휴대가 편하다 |

소총은 다른 무기에 비해 매우 단순하다. 하지만 이 작은 무기의 변천사가 우리에게 주는 교훈은 무척 많다. 먼저 원전이 서구인의 체형이 아닌 한국인과 수출 대상국 국민의 체형에 맞아야 한다는 것이다. 거기에다 우리와 수출 대상국의 문화와 정서까지 가미되도록 자유자재로 변화시킬 수 있어야 한다. 그야말로 알파와 오메가까지의 기술적 구사 능력이 요구되는 것이다.

## 6. 리더가 되기 위한 조건

빠른 추격자에서 리더를 넘보고 있는 삼성과 애플의 얘기를 더해 보자. 삼성의 경우 스마트폰 시장에서 애플을 이기는 것이 여간 어려운 일이 아니다. 단지 몇 년을 지체했을 뿐인데 기존의 핸드폰 시장에서 영위하던 1위를 다시 빼앗아 오기는 정말 힘들다. 그런데 가만히 속내를 들여다보면 거기에는 다 그럴만한 이유가 있다. 소프트웨어의 차별화가 문제인 것이다.

애플은 운영체계와 핵심 응용소프트웨어를 스마트폰, 아이패드, 그리고 아이맥 노트북에 이르기까지 철저하게 공유한다. 운영체계는 한 번도 공개된 적이 없는 폐쇄적인 것이지만 이미 80년대부터 아이콘을 이용하여 PC를 제어하던 획기적인 체제였다. 도스 명령어를 일일이 입력해야 움직이던 마이크로소프트사가 도저히 넘어설 수 없었던 화려한 사용자 인터페이스를 제공하던 실력은 수많은 광팬을 만들어 냈다. 그런 소프트웨어 왕국 애플이 PC와 노트북 하드웨어 기술을 이용하여 개발한 스마트폰과 아이패드니 젖 먹던 힘을 짜내는 엄청난 막판 스퍼트 없이는 역전이 불가능한 것은 당연했다.

MS사의 모바일 체계를 이용할 것인지, 자체 개발한 '바다' 운영체계를 사용할 것인지, 이리 저리 고민하던 삼성은 연합군 측인 '구글 안드로이드' 운영체계를 받아들여 애플과 경쟁이 가능한 유일한 회사가 되기는 했지만 마지막 2%가 여전히 모자라는 제품을 생산하고 있다. 바로 소프트파워다.

공병호는 그의 저서에서 '기업 경영의 본질은 경쟁사를 압도할 수 있을 정도로 이해 관계자들을 위해 지속적으로 가치를 창조하는 일련의 활동들'이라고 썼다. 또한 이러한 가치를 창조하기 위한 원천은 싼 가격과, 품질, 브랜드, 디자인, 편리함과 체험을 들고 있다. 이 외에도 단순함과 고객 감동 등도 있다[59]고 말한다.

우리가 리더가 되기 위한 전략을 고민하던 중 필자는 GE의 전 회장 잭 웰치가 역설한 '사람우선 주의, 관료주의의 부정, 조직 문화의 변화, 평가와 보상의 조화'[60] 에 마음이 갔다. 또한 그가 얘기한 '동네 구멍가게와 같은 빠른 의사결정 체제'라는 말에도 더욱 끌렸다.

삼성의 경쟁과 잭 웰치의 조언, 그리고 가치 창조를 위한 공병호의 말에서 리더가 되려는 우리는 무엇을 배워야 할까? 나는 다음의 두 가지 항목에 집중하고 싶다. 바로, 사람 우선주의와 일하는 방식의 근본적 변화다. 자 그럼 사람이 우선하는 우리의 원전산업은 무엇을 어떻게 바꿔야 할까? 그것부터 토의해 보자.

---

59) 공병호, 창조경영에서 발췌 정리
60) 잭 웰치, 끝없는 도전과 용기, 청림출판

## 7. 리더의 조건 1 ; 사람이 우선이다.

그간 우리는 '시스템이 일을 한다'에 너무 익숙해져 있다. 시스템으로 이루어진 거대한 시스템인 원자력발전소이니 그 속에서 일하는 사람들이 또 하나의 시스템이 되어 조직화되고 정해진 방향에 따라 움직이는 것이다. 하지만 사람을 시스템적으로 취급하는 한 우리는 리더가 될 수 없다. 언제든 사람은 우선시 되어야 하는 존재다. 사람이 우선이 되는 사회는 리더십이 존재하는 사회다. 리더란 관리자가 아니다. 흔히들 적군의 성을 공략할 때 관리자는 사다리를 잘 놓는데 신경을 쓰지만 리더는 적군으로부터의 저항이 가장 적은 지점을 선택하는 장수로 표현한다. 최고의 인재가 최고의 성과를 보장한다. 결론부터 얘기하면 사람을 우선하는 사회란 리더를 육성하는 사회로 귀결된다.

존 맥스웰은 '리더십 불변의 법칙'[61]을 한계의 법칙으로 설명한다. 어떤 사람의 리더십 역량이 낮으면 낮을수록 성공에 대한 잠재력은 낮고, 반대로 높으면 높을수록 성공에 대한 잠재력은 높다는 것이다. 결국 성공은 리더십에 의해 결정된다는 것이다. 그러므로 그는 '조직의 방향을 바꾸려면 리더를 바꿔라'고 얘기한다. 우리에게 전 세계를 상대하는 리더십의 잠재력이 있는가? 이것이 문제다.

### 가. 새로운 리더의 모습

청대 최고의 개혁군주로 칭송받는 '옹정제'는 다음과 같은 긍정적인 인생의 키워드를 키우고 지켰다고 한다. '굴욕을 참는 인내', '신념대로 행동하는 기개', '시대를 앞선 용인술', '허명을 좇지 않는 실

61) John C. Maxwell, The 21 Irrefutable Laws of Leadership, 비즈니스북스

천', '현명함과 강직함'이 그것이다.[62] 옹정제가 제시하는 리더란 바로 이런 것이다. 리더가 되고자 하는 원자력산업분야에 필요한 리더는 어떤 조건을 만족시켜야 할까? 이에 대한 답은 관점에 따라 다양할 수 있으나 많은 인간·기업 경영서에 나오는 내용들을 분석하고 정리해보면 대략 다음과 같은 내용으로 귀착된다.

- **대상을 긍정적으로 바라보라.** 최근 몇 년간 '긍정의 힘'에 대한 많은 책들이 출판되었다. '과거의 일에는 감사하고 현재의 삶은 즐기고 미래의 미스터리는 긍정하기'다. '믿는 대로 된다'는 조엘 오스틴 목사는 '긍정은 평범함을 넘어 잠재력을 끝까지 발휘할 수 있게 하고 자신의 발목을 잡고 있는 부정적인 태도를 벗어던져 비전을 품을 수 있게 한다.'고 말한다.[63]
- **자존감과 자신감을 키워라.** 자존감은 인간의 인지, 동기, 정서 및 행동에 강력한 영향을 미친다. 자존감이 높은 사람은 자기 몸에 대한 만족도가 높다고 한다. 또한 남과 공감하는 능력 즉, 감성지수도 높다고 한다. 뿐만 아니라 갈등을 풀고 생산적인 결과를 도출해 낸다고도 하며 무엇보다도 성공에 대한 확신이 있어 사람들이 안심하고 따르니 리더가 된다는 것이다.[64]
- **나무와 숲을 동시에 보는 능력을 키워라.** 흔히들 '나무를 보지 말고 숲을 보라고 얘기한다.' 하지만 진 랜드럼은 '직관'을 얘기한다. 나무를 보면서 숲을 보는 안목을 키우라는 것이다. 마이클 잭슨은 그의 자서전 '문워크Moonwalk'에서 이렇게 말했다. "어떤 확실한 힘이 성공을 말해준다. 다른 사람들은 보지 못해도 나는 볼 수 있다. 나는 본능에 의존한다."[65]

---

62) 리아오, 옹정황제의 인간 경영학, 산수야
63) 조엘 오스틴, 긍정의 힘, 두란노
64) 네이버, 덕전의 문화일기-자존감을 높이는 요령 중에서 인용 및 정리

- **도전하라. 현재의 실패는 내일의 성공을 보장한다.** 끝까지 포기하지 마라. 결코. 결코. 결코. 처칠이 옥스퍼드 대학교에서 졸업을 축사를 하게 되었다. 청중들은 숨을 죽이고 그의 입에서 나올 근사한 축사를 기대했다. 드디어 그가 입을 열었다. "Never Give up!" 그는 첫마디를 마치고 천천히 청중들을 둘러봤다. 청중들은 그의 다음 말을 기다렸다. 그가 말을 이었다. "Never, Never, Never, Never, Never, Never, Never Give up!" 일곱 번의 Never Give up, 그것이 축사의 전부였다. 청중의 우레와 같은 박수가 이어졌다. 포기를 모르는 그의 인생에 보낸 박수였다.[66]

- **대중의 지혜를 이용하라.** 찰스 다윈의 사촌이자 우생학 분야의 업적으로 유명한 프랜시스 골턴의 얘기다. 1906년 골턴은 영국 플리머스에서 열린 박람회에서 끌려나온 소의 무게를 알아맞히는 게임을 보게 되었다. 군중 속에는 푸줏간 주인이나 축산업자 뿐만 아니라 사무원 등 소에 대한 지식이 전혀 없는 사람들도 많았다. 내기가 끝났을 때 골턴은 응모용지 800여장을 모아 평균을 냈다. 그 값은 실제 소의 무게에서 0.5 킬로그램이 모자란 수치였다. 골턴은 그 사실을 과학잡지 '네이처'에 발표했지만 수많은 사람들이 그들의 지식과 창의력을 모아 협업을 하는 '위키피디아'류의 행위는 100년이 지난 후에야 가능했다.[67]

- **핵심가치를 설정하고 이를 구현하라.** 월마트의 창업자 샘 월턴

---

65) 진 랜드럼, 위대함에 이르는 8가지 열쇠, 돌녘
66) 어느 책에서 읽은 기억이 나서 인터넷 검색을 했으나 다들 내용이 조금이 달랐다. www.koreanmission.com의 게시판 내용에서 인용했다.
67) 제러미 리프킨, 공감의 시대 (The Empathic Civilization), 민음사에서 발췌 요약

은 다음과 같이 얘기한다. “이제껏 나는 최고의 유통회사를 만드는 일에만 주력해 왔다. 개인적인 부를 축적하는 것은 내 관심 밖의 일이었다.”[68] 개인의 영달 보다는 의미 있는, 그러나 도달 가능한 가치를 설정하고 이를 위해 노력하는 것이 리더의 본질이다.

- **자신의 성격을 파악하라.** 자신에 맞는 맞춤형 일을 하라. 내성적인 사람과 외향적인 사람, 일을 수행함에 있어 행동을 우선하는 사람과 사고를 우선하는 사람 등 개성이 요구하는 일을 하는 사람과 그렇지 못한 사람과의 만족도는 큰 차이가 날 것이다.

스티븐 코비는 그의 저서 ‘성공하는 사람들의 7가지 습관’[69]에서 다음과 같이 말한다.

- 주도적이 되라. 스스로의 삶에 책임을 져라. 우리의 행동은 우리의 의사결정에 의한 것이지 결코 우리를 둘러싼 여건들에 의해 좌우되는 것은 아니다.
- 목표를 확립하고 행동하라.
- 소중한 것을 먼저 하라.
- 상호이익을 모색하라.
- 경청한 다음 이해 시켜라.
- 시너지를 활용하라.
- 끊임없이 혁신하라.

---

68) 짐 콜린스, 제리 포라스, 성공하는 기업들의 8가지 습관 (Buit to Last), 김영사
69) Stephen R. Covey, Seven Habits of Highly Effective People, 김영사

## 나. 리더를 만드는 도제식 교육

위에서 얘기한 훌륭한 인재는 어떻게 만들어질까? 우리시대의 문명 비평가인 제레미 리프킨은 새로운 시대의 교육은 도제식 교육이 될 것이라고 얘기한다. “교육은 일상에서의 경험을 중시하는 방향으로 옮겨갈 것이다. 산업혁명 이전까지 계속 그래왔던 것처럼 도제제도가 각광을 받을 것이다. (중략) 학교에 간다는 것은 배우기 위해 공동체 안으로 들어간다는 뜻이다.”[70] 여기서 말하는 중세의 도제 제도는 무엇을 추구했었는가? 영국에서 도제의 교육기간은 약 7년 정도였다고 한다. 도제 기간을 마치면 직인이 되는데 다시 수년의 준비과정을 거친 후 일정한 작품 심사를 거쳐 마스터가 되었다. 마스터가 되기 위해서는 일생에 딱 한 번 기회가 주어지는 심사를 통과해야 했다. 이러한 어려운 과정을 통과해야 비로소 마스터가 되는 것이다. 마스터가 제출한 작품이 바로 마스터피스(Master Piece)였다. 도제제도가 추구한 것은 마스터피스를 만들 수 있는 역량 있는 마스터의 육성이었던 것이다.

계속 리프킨의 견해를 들어보자. “오늘날의 교육이란 12세부터 16세까지 뉴턴적 세계관을 가르치는 훈련과정 이외에 아무것도 아니다. 학교에서는 양, 거리, 위치 같은 것들은 열심히 가르치지만 질이나 개념형성 같은 것에는 별로 신경을 쓰지 않는다. 시험자체는 고전 물리학의 틀에서 직접 따온 것이다 OX 문제, 빈칸 채우기, 선다형 문제, 짝 맞추기 문제 등은 모두 인과율의 개념에 입각한 것들이다. 그러니까 모든 초기조건에는 단 하나의 올바른 결과만이 있을 수 있다는 발상이다. 시험에서 가장 중요한 측면은 답이 아니라 과정이다. 세월이 흐르면 특정사실은 다 잊어버리지만 그렇게 몇 년에

---

70) Jeremy Rifkin, Entropy, 세종연구원

걸쳐 시험에 시달리고 나서도 인과율의 개념을 잊어버릴 수 있는 사람은 없을 것이다. (중략) 교육에 있어서 중점을 두는 부분도 오늘날과는 판이하게 달라질 것이다. 예를 들어 교육은 측정보다는 과정을 중시하게 될 것이다. 고립된 사실을 수집, 저장, 사용하는 접근 방식은 상호 연관된 현상의 흐름을 관찰하는 방식으로 바뀔 것이다. 시험도 경험적 능력을 측정하는 것이 아니라 개념형성 능력을 측정하는 것으로 대체될 것이다."

## 다. 엔트로피를 줄이는 21세기 교육

21세기의 교육은 엔트로피를 줄이는 방향으로 가야한다. 교육마저도 엔트로피를 늘이는 방향으로 이동한다면 정말 큰일이다. 엔트로피는 우리 인류의 활동을 궁극적으로 제약하는 물리적 한계를 규정한다. 현대과학에서는 우리 우주에 존재하는 어떤 것도 새로 만들어지거나 사라지지 않는다고 가정하기 때문이다. 엔트로피는 더 이상 사용할 수 없게 된 에너지이다. 모든 가치 있는 것은 무질서한 혼돈과 낭비의 상태가 된다. 그것은 되돌릴 수 없는 비가역적 반응이다. 사람들은 교육을 통해 엔트로피 자체가 줄어들 것으로 기대한다. 교육을 물질적 행위로 규정하는 한 열역학 제2법칙은 엔트로피의 가역반응을 허용하지 않는다. 하지만 교육을 고도의 사유적 세계로 인정한다면 우리는 엔트로피의 굴레에서 자유스러울 수 있다. 새로운 철학의 교육이 필요한 것이다.

원자력발전은 결코 엔트로피를 줄이지는 못한다. 하지만 원자력발전에 대한 올바른 이해와 이를 뒷받침하는 교육은 원자력발전의 엔트로피 증가율을 줄일 수 있다. 발전소를 짓고 운영하고 폐기할 때 자원의 소모를 최소로 하고 또한 폐기물의 순환을 통해 엔트로피의 총량을 줄일 수도 있을 것 같다. 교육은 바로 이러한 순환과정을 지원하고 마이너스 엔트로피를 위한 사유와 철학을 제공한다. 환경윤리학자 알도 레오폴드는 대지의 윤리[71]에서 '사고의 발전은 포식자에 대한 사고의 변화와 대응'이라고 말한다. 즉, 개별적인 존재들의 옳고 그름은 그것이 생명 공동체의 온전함, 안전성, 그리고 아름다움에 얼마나 이바지 하느냐에 달려있다는 것이다.[72]

원자력발전의 전략 역시 인간을 비롯한 모든 생명 공동체의 온전함, 안전성, 그리고 아름다움에 이바지 하면서 다른 에너지원과의 엔트로피 감소 경쟁에서 승리해야 한다. 이와 같은 철학적 사유는 실무현장 보다는 학교교육을 통해 배양되어야 한다. 아울러 이에 대한 사회과학적 접근도 무엇보다 중요할 것이다.

### 라. 새로운 교육의 도전, KINGS

금년 3월 새로운 시대에 원전산업 리더를 전문적으로 육성하는 대학원대학교가 새롭게 문을 열었다. KINGS[73]다. KINGS의 설립의 철학은 상기에서 다룬, 사람을 중심으로 하는 새로운 원전산업을 만드는데서 출발하였다. 이의 실체화를 위해서는 어떠한 교육목표를 설정할 것인가와 이에 도달하는 실천전략을 가질 것인가가 최우선적으로 설정되어야 했다.

KINGS는 교육 목표에 도달하는 3대 실천 전략으로서:

---

71) Aldo Leopold, Land Ethics
72) 안건훈, 과학·기술 그리고 철학, 철학과 현실사
73) KEPCO International Nuclear Graduate School, 한전국제원자력대학원대학교

- 창의적인 커리큘럼을 구성하고 획기적인 교육시스템을 운영하는 「Creative」를 위한 전략
- 다양한 공학 분야가 복잡한 연계관계를 맺으며 진행되는 원전산업의 특성을 보다 잘 표현할 수 있고, 원자력산업계의 현실적 요구 반영과 통합적 정보지식의 공유 그리고 긴밀한 국제협력 및 산학연관 협력을 위한 Inter-disciplinary 전략
- 세계 최고의 현장실습 환경 및 교육여건을 제공하기 위한 「Specialist」를 위한 전략적 요소들을 설정하였다.

KINGS가 육성하고자 하는 인재는 어떠한 모습일까? 많은 토론을 거쳐 다음과 같은 인재상이 설정되었다.

- 국제화된 시각과 자질을 겸비하여 국제 원자력산업계와 조화로운 협력의 능력을 보유한 인재
- 원자력발전 기술 및 관련 관리 부문에서의 지도적 능력을 갖추어 전 세계적으로 도래하는 원자력부흥기에 지도자로 활약할 수 있는 인재
- 원자력발전사업의 전 수명주기 중 발생되는 기술공학, 시스템즈 엔지니어링 및 관리공학 세 분야를 망라하는 균형 잡힌 실무능력을 갖춘 인재

KINGS에서 육성된 전문화된 지도에 의해 이끌어질 원자력발전소의 모습은 현재의 모습과는 매우 다를 것이다. 그것은 시스템즈 엔지니어링의 굳건한 바탕위에서 고도로 체계화된 유기체와 같은 모습이 될 것이다.

왜 유기체인가? 영화에 나오는 외계인이나 미래인은 참 더럽고 냄새 나는 유기체다. 아마도 5D (삼차원 영화에 냄새와 바람 등의 효과를 담는다) 입체 영화가 상용화 된다면 이런 영화는 살아남기 힘들 것이다. 돈 주고 역겨운 냄새를 맡을 고약한 취미를 가진 사람이 많지는 않을 테니까 말이다. 아무튼 그 모습 자체에서도 불쾌감을 초래하는 외계인과 미래인은 왜 유기체일까? 로봇이 천지사방을 헤집고 다닐 것 같은 미래에 왜 유기체가 나타나는가 말이다. 온 몸에는 점액질이 줄줄 흐르고 참으로 흉측한 형상하며 말도 못하면서 힘은 엄청나게 센 유기체. 그것이 잘 나간다는 영화감독들이 그리는 미래의 모습이다.

이처럼 첨단과학을 생각하는 사람들은 '진화과정을 겪는 유기체'를 상상한다. 물론 고도의 인공지능을 가진 기계라는 생각을 가진 사람도 있다. 현재의 기술로는 그들이 어떤 모습인지, 생화학적 구조가 어떠한지, 지능체계가 얼마나 발달했는지를 알아낼 방법은 없다. 하지만 상상속 (적어도 영화 속에서는)의 그들은 우리보다 지각이 뛰어난 유기체다. 유전자를 갖고 있으면서 진화를 통해 더욱 발전하는 미래 인이다.

나는 언젠가부터 미래는 유기체적으로 발달할 수밖에 없겠다는 생각을 갖게 되었다. 외계인처럼 점액질이 질질 흐르는 흉측한 모습이 아닌 과학기술과 인간 그리고 환경과 문화의 총체적으로 융합된 유기체적인 모습 말이다. 이를 뒷받침하는 교육 역시 유기체적이 되어야 한다. 물리적, 화학적 반응을 넘어 유기적 반응이 가능한 교육이 이루어져야 진화적 21세기가 가능하겠으니 말이다.

## 8. 리더의 조건 2 ; 일하는 방식을 바꾼다.

여기 빙산이 있다. 빙산은 참으로 아름답다. 비취빛 속살을 감싼 투명한 우유 빛의 빙산, 물에 들어난 부분이다. 빙산이 해수면 위에 나와 있는 면적은 10%가 좀 넘는다. 나머지 약 90%는 물속에 잠겨 있다. 그러나 여러분은 빙산에도 뿌리가 있다는 것을 아시는지. 마치 팽이의 축과 같이 물속 깊이 잠겨 빙산의 중심을 유지하게 하는 뿌리. 이 때문에 물에 잠긴 빙산은 또 다시 두 부분으로 나뉜다. 수면 바로 밑에 있는 부분과 바닷물 속 깊이 잠겨 있는 뿌리 부분은 그 영역이 뚜렷이 구분된다.

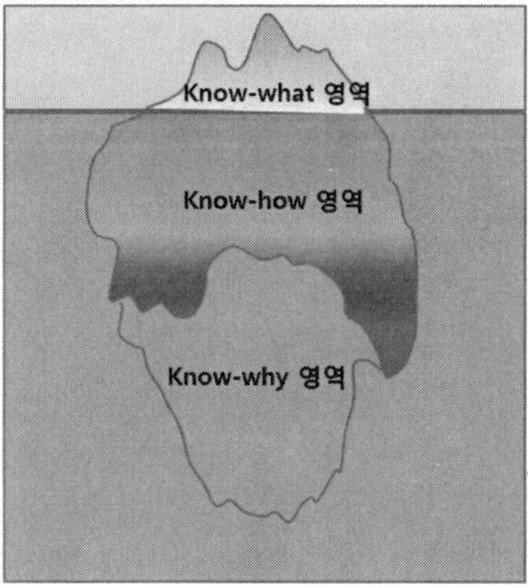

[74]

빙산의 형상을 이용해 기술의 세 가지 영역인 '무엇'과 '어떻게'와 '왜'를 설명해 보자. 수면위의 영역인 '무엇'의 기술은 책에 나와 있다.

74) 기술의 영역을 빙산으로 표현하는 아이디어는 GMU Alexander Lavis 교수의 강의에서 얻었다.

교과서나 참고서를 읽다보면 근본적인 개념을 잡을 수 있다. 그렇다면 빙산의 수면 바로 아래 부분인 '어떻게'의 기술은 어떻게 얻어지는가? 이는 책에 나와 있지 않은 지식이다. 이 부분은 책의 맨 뒤에 수록된 참고도서 목록이나 기술 자료에 표기된 참고자료를 찾아봄으로써 이 영역에 대한 기술의 속성을 파악할 수 있다.

문제는 저 수면 깊숙이 잠겨 있고 빙산의 중심을 형성하는 '왜'의 기술이다. 이 기술은 책을 보고 자료를 찾는다고 얻을 수 있는 것이 아니다. 스스로 생각하고, 실행해 봐야 얻을 수 있는 것이기 때문이다. 그렇다면 어떻게 '왜'을 알 수 있는가? 바로 연구 개발을 통해서다. 'R&D' 에 그렇게 많은 노력을 기울이는 것도 결국 '왜'를 알기 위한 것이다. 누군가가 만들어 놓은 '무엇'과 '어떻게'의 길을 따라가는 일은 비교적 무난하다. 하지만 스스로 길을 만들어내면서 숲을 헤쳐 가는 '왜'는 '무엇'이나 '어떻게'를 아는 것과는 다른 차원의 어려운 과제가 된다.

어떠한 일이든 수면 위에 보이는 부분보다는 물에 잠기 부분을 파악하는 것은 물론 어렵다. 이를 외적 요소와 내적 요소로 파악한 책들도 많이 볼 수 있다. 어떠한 사업을 수행함에 있어 리스크를 줄이는 방법은 외적 요소와 함께 내적 요소에 대해서도 철저히 대비하는 것이다. 하지만 외적요소와 내적 요소로 설명하기에는 산업화 전략이 그리 간단하지 않다. 시스템들의 집합체로서의 시스템인 원자력발전소의 경우는 더욱 그러하다. 더욱이 그 크기와 깊이를 쉽게 알 수 없는 뿌리 부분을 파악하기 위해서는 적지 않은 노력이 필요하다.

과연 우리의 기술수준은 어디에 머무르고 있을까? 일부 기술은 '왜'의 영역에 도달한 것처럼 보이기도 한다. 하지만 냉정히 얘기하면 기술의 국산화를 이룬 현재의 수준은 많은 부분이 '어떻게'를 아는 데에 머무른다. '왜'를 완전히 알았다고 얘기하기에는 아직 갈 길이 먼 것이다. 이제부터 이 '왜'를 찾기 위해서 어떻게 일하는 방법을 바꾸어야 하는지를 묻고자 한다. 예측하였겠지만 물론 정답은 없다. 단지 정답에 가까운 도전이 있을 뿐이다.

## 가. 시스템 엔지니어링[75]적 사고를 하자.

한글은 세계에서 유례가 없는 과학적, 철학적 바탕을 가지고 개발된 문자다. 특히 한글의 우수성은 그 개발이 명확하고도 명료한 체계를 바탕으로 이루어졌다는데 있다. 일본인 노마 히데키는, '한글조선의 임금 세종과 학자들이 이 〈쓰기〉와 〈언어〉에 대한 얼마나 무서울 만큼의 이해력과 분석력과 창조력을 통해 새로운 문자를 만들어 내고야 말았는지[76]'라고 그의 책에서 기술하고 있다. 우리나라와 중국의 음운체계를 분석하고, 인체의 발성구조와 한국인의 우주관과 연결시키는 그 장대한 사고의 스케일. 이에 더해 각각 '자음과 모음'으로 형상화하고, 설계해 내는 그 과정은 드라마틱하기까지 하다.

이렇듯 한국인은 모든 사물을 객관화하고 분석적으로 직시하는 기술적 바탕을 가지고 있다. 장구한 세월 동안 한자 문화권에서 살아온 이 땅의 사람들은 한문이 가지는 상징성을 표현의 세계로 이끌어 낸, 문자의 힘을 제대로 인식하고 있었다. 고도로 함축적인 한문의 특색을 살려 우주와 인간의 생각을 모델링 하려고 했던 생각의 웅대함은 그들의 단소한 삶의 정신과 대비되어 더욱 빛난다.

---

75) Systems Engineering, 방산분야에서는 체계공학이라는 용어로 풀어쓰기도 한다. 여기서는 시스템 엔지니어링 학회의 용례를 따랐다.
76) 노마 히데키, 한글의 탄생에서 일부 요약

조선의 과거시험 장원급제자의 답안지[77]를 볼 때마다 무릎을 치지 않을 수 없게 하는 것은 그들이 표현하고자 했던 철학과 사상의 깊이다. 우주의 세계와 인간의 행동을 연결시켜 통치의 길을 제시했던 그 체계적인 사고의 방법은 오늘날을 사는 우리들에게도 큰 교훈으로 다가온다. 과연 한글을 체계적이고도 조직적으로 개발할 수 있었던 연원과 저력은 거저 얻어진 것이 아니었다. 축적된 문화의 힘, 그리고 치열한 토론의 정신, 이것이 한글의 개발과정에서 보여준 체계적 사고의 틀이 어디에서 왔는지를 알려주는 무형의 자산이 아닐까?

원전은 시스템들로 이루어진 시스템의 대표적 사례다. 타 전공과는 다르게 모든 공학적 요소가 모여 있는 공학분야인 것이다. 이 분야는 공학의 융복합을 일찌감치 생각하고 만든 분야 같다. 전기와 기계분야가 같이 병립하고 이 위에 핵공학이 자리를 잡는다. 누가 앞에서고 누가 위에 서는지에 대한 구분도 없다. 모든 분야가 병립하고 융합하지 않으면 원자력발전이란 분야는 존재하지도 못한다. 여기에 더해 관리적 요소인 기술 관리와 프로젝트 관리 기법이 추가되어야 하고, 또한 시스템즈 엔지니어링도 근간으로 자리 잡아야 한다. 정말 배울 것도 많고 어느 혼자서 통달하기가 무척 어려운 과목이다.

원전을 운영하고 감시하고, 규제하는 기본 사상부터 우리의 전통적인 체계와 사고로 다시 정의하는 것. 이것이 바로 '시스템즈 엔지니어링을 바탕으로 한 원전개발'의 시작점일 것이다.

시스템즈 엔지니어링적 접근법은 크게 두 부분으로 나누어 설명된다. 첫 번째 부분은 문제를 정의하는 부분이다. 후쿠시마 사건을 다

---

77) 지두환역, 조선과거실록, 동연

시 한번 돌이켜 보자. 물이 공급되지 않고, 핵연료가 노출되고, 전기는 끊어지고, 원자로의 온도가 몇 도인지, 압력은 얼마나 높은지, 지금 원자로 건물의 방사선량은 얼마인지도 모른다. 이 때 주제어실 직원들은 우리의 문제점이 무엇인지 곰곰이 생각한다. 그리고 문제에 대한 정의를 스스로 내린다. 아! 우리에겐 온도와 압력 정보가 꼭 필요하다.

문제를 인식한 그들은 그리고 기가 막힌 생각을 하게 된다. 두 번째 부분인 문제를 푸는 방식을 알아낸 것이다. 그리고는 창고로 달려가 자동차 배터리를 잔뜩 가지고 온다. 자동차 배터리는 12 V 이다. 계측기에 필요한 전압은 120 V 정도이니 10개의 자동차 배터리만 있으면 최소한의 발전소 상태는 알 수 있다. 드디어 결정을 마친 그들은 캄캄한 주 제어실에서 자동차 배터리를 연결하는 작업을 시작한다. 얼마 지나지 않아 그토록 갈망하던 온도와 압력 값이 제어반에 표시된다. 이제 후쿠시마 원전이라는 공룡은 잠에서 깨어나 주위를 살핀다. 이 위기를 어떻게 벗어날 것인지에 대한 실마리를 찾는다. 아쉽게도 이러한 창조적인 노력에도 불구하고 발전소는 수소폭발로 인해 더 이상 복구가 불가능한 상태가 된다. 그리고 이후의 사건은 여러분이 방송에서 들은 그대로다.

곰곰이 생각해 보자. 이 상황에서 그들이 취했던 일하는 방식은 무엇인가? 바로 시스템적 사고다. 문제의 영역과 해법의 영역을 명확히 나누고 차근차근 내가 가진 자원과 시간을 최대로 이용토록 하는 것이다. 전기가 나갔다고 한탄만 할 수는 없다. 자동차 배터리라도 연결한 사람이야말로 시스템적 사고를 펼친 진정한 리더가 아닌가?

그렇다면 시스템적 사고를 하기 위해서는 어떠한 형태의 지식이 필요할까? 넓은 폭의 지식이 필요한가, 아니면 깊은 전문성이 요구되는가? 리더에게는 넓고 깊은 지식이 필요하다. 위기의 순간에 유연하게 대처할 수 있는 자질은 거저 얻어지는 것이 아니다. 리더로써 원자력발전 전 분야 걸처 잘 알고 있다는 자신감은 필수적이다. 그리고 한 두 분야에 대한 깊은 이해도 같이 요구된다. 이러한 기술적 바탕이 있어야 어떠한 경우든 다른 전문가들과 대화가 가능한 것이다.

KINGS가 설립되기 이전까지는 원자력발전분야를 원자력공학 전공자들이 리드하는 것이 당연하다는 듯한 분위기가 있었다. 1970년대 이후 이 땅에 원자력발전소가 세워지고 전문가 그룹이 절실히 필요했을 때 원자력공학과는 원전을 건설, 운영하는데 큰 역할을 했다. 그리고 시대는 2010년을 넘어 2020년을 향하고 있다. 그렇다면 새로운 시대의 패러다임에 맞는 전문성은 어떻게 확보할 것인가. KINGS를 생각했던 몇 분의 혜안은 2030년을 바라본다.

기존의 원자력공학과는 아카데믹한 분야를 추구한다. 그들이 배출하는 고급인력은 학술적 창조성을 강조한다. SCI 논문으로 대표되는 과학자가 되는 것이 그 들의 목표다. 그렇다면 실무형 전문가는 어떻게 육성할 것인가? 의사결정력을 갖춘 리더는 어떻게 만들 것인가?

KINGS는 원자력산업공학이라는 새로운 융복합 학문의 실험무대다. 기존의 학교들도 통합과 융합 심지어 과학과 인문학의 통섭(Conciliation)을 얘기한다. 모두들 기존의 교육이 갖고 있는 한계를 벗어나 좀 더 다양한 주제의 교육을 펼치기 위한 노력을 벌인다. 그렇다면 KINGS가 하고 있는 노력의 주제는 무엇인가. 바로 '시스템적 사고' 즉, 사고의 체계를 바꾸도록 하는 것이다. 한 두 전공분야의 지식만을 물리적으로 통합하는 것에서 멈춘다면 KINGS의 혁명은 시작도 하기 전에 진압될 것이다. 그렇기 때문에 물리, 화학적 통합에 멈추지 않는 유기적 일체화 과정을 KINGS는 요구한다. 기존의 학제와는 다른 차원의 그 무엇이 우리가 요구하고 실험하고 있는 공부의 주제다.

### 나. 생각하는 법을 배우자.

요즘 나는 생각하는 법을 체계적으로 배우고 있다. 사람의 생각은 수시로 변하기에 종잡을 수가 없다. 하나의 생각에 집착하다 보면 전체의 그림을 잊게 되고, 전체를 두루 살피다 보면 하나의 주제를 깊이 다루기 어렵게 된다.

공자는 '생각은 하지 않고 배우기만 한다면 어리석어지고, 생각만 하고 배우지 않으면 위태로워진다(學而不思則罔, 思而不學則殆-論語 爲政편)'고 했다. 엠마뉴엘칸트도 '내용 없는 사고는 공허하고 개념이 없는 직관은 맹목적이다'라고 말한다.[78]

신영복 교수는 그의 저서에서 공자의 이 가르침을 해설하면서 '思는 생각이나 사색의 의미로도 읽을 수 있지만 경험적 사고로 읽을 수 있다. 경험과 실천의 가장 결정적인 특징은 현장성이다. 그리고 모든 현장은 구체적이고 조건적이며 우연적이다. 한마디로 특수한 것이므로 경험을 통해 알게 된 것은 보편적인 것이 아니다. 學이 보편적인 것임에 비하여 思는 특수한 것이다. 따라서 현실적 조건이 사상된 보편주의적 이론은 현실에 어둡다는 의미이며, 반대로 특수한 경험적 지식을 보편화하는 것은 위험하다는 뜻이 된다. 학교 연구실에서 학문에만 몰두하는 교수가 현실에 어두운 것이 사실 이듯,

78) 도올논어, 명륜당

자기경험을 유일한 잣대로 삼거나 보편적인 것으로 전제하고 일을 처리하면 위험한 것이다' 라고 쓰고 있다.[79]

경험에서 얻은 지식을 주관적 지식이라고 한다면 배움을 통해 얻은 이론적 지식은 객관적 지식으로 말할 수 있다. 따라서 흔히들 얘기하는 이론과 실무의 통합은 앎을 완성하고 형태를 갖게 하는 중요한 절차이다.

위에서 언급한 논어의 구절은 공자가 제자인 자공에게 말하고자 했던 '앎이란 무엇인가'에 대한 것이었다. 현실적 조건에 대한 고려와 동시에 특수한 경험에 매몰되지 않는 이론적 사고의 필요성에 대해서도 이야기하고 있는 것이다.

인간에게 '겉으로 보이는 모습보다 내면의 크고 넓은 마음을 갖는다'는 것은 매우 중요하다. 더욱이 사고의 깊이가 깊을수록 학문의 깊이도 따라 깊어져야 공허하지도 맹목적이 되지도 않는다. 따라서 체계적 사고란 '학문을 함에 있어 자신의 경험과 이론적을 조화시켜야 한다'는 것으로 바꾸어 말할 수 있다. 이는 암묵적인 지식을 형식적인 지식으로 변환하는 온톨로지 적 접근법과는 다르다.

학문을 함에 있어 유연한 태도를 갖는 것도 필요하다. 자연과학과 인문학이 만나고 있는 이 세상에서 원자력발전 하나만 생각하는 편협한 인간이 되지 않도록 하고, 자기 분야의 지식과 경험만이 최고의 가치인 것으로 착각하고 살아가는 완고 인간도 되지 않도록 하는 것 이것이 일하는 방식을 바꾸는 두 번째 이유다.

---

79) 신영복, 나의 동양고전독법 중 일부 요약

2012년 KINGS의 한국학생 그룹은 미국 조지메이슨대학교[80)]에서 여름학기를 맞았다. 이곳에서 학생들은 시스템즈 엔지니어링이라는 과목을 대부분 처음 접했다. 학생들의 교육과정을 지켜보면서 참으로 느끼는 점이 많았다. 우리나라 학생들은 문제를 정의하는 능력은 떨어지지만 솔루션을 제공하는 능력은 매우 뛰어난 양극화 현상을 보인 것이다. 학생들은 그간 그들이 받았던 교육대로 무언가 베낄만한 예제를 원했다. 즉, Problem Domain에서 문제를 인식하고 정의하고 관리 하는 데는 서툴기 이를 데 없고, 예제가 주어지지 않는 새로운 문제에 대해서는 막막함을 느끼는 것이다. 그러나 일단 예제가 주어지고 이용할 수 있는 템플릿이 제공되면 그 다음의 단계로 진입해 답을 내는 Solution Domain에 대해서는 걱정할 필요가 없었다. 이들은 아주 짧은 시간 내에 문제를 풀고 해결했다.

제어공학을 가르칠 때의 일이다. 수업전 학생들에게는 제어공학의 주요 정리들을 중학생 정도 수준의 사람들에게 설명할 수 있도록 준비하라는 요구사항이 전달되었다. 가급적 수식이 아닌 애니메이션이나 동영상을 통한 발표를 하도록 부탁하는 것도 잊지 않았다. 그런데 정작 발표 시간이 되자 학생들은 복잡한 식을 유도하고 증명하는 데 발표시간을 다 소모하였고, 정작 정리의 핵심에 대한 간결한 설명은 머뭇거리기 일쑤였다. 어려운 공식이나 정리일수록 간결한 표현을 하기는 쉽지 않다. 하지만 간결한 정리를 통해 문제의 본질을 알 수 있고, 이런 반복적 훈련을 통해 문제를 단순화 시켜 해결할 수 있는 능력을 키울 수 있으니 결코 포기할 수 없는 일이다. 나는 학생들이 증명을 가지고 거꾸로 단순화 시켜 설명하는 데에 중점을 두었다. 그리고 이를 소프트웨어를 이용해 쉽게 증명하는 법을 보여

80) George Mason University, Virginia 주 Fairfax시에 위치. 미국 Systems Engineering 대학원 과정 10위권내의 특성화 대학이다.

주었다. 내가 전달하고 싶은 메시지는 단 하나. 어려운 과정을 해결하는 것은 첨단의 소프트웨어를 통해 자동화 할 수 있으나 핵심 개념을 쉽게 설명할 수 있는 능력은 본질을 알 때까지 반복하여 고민하게 하는 정말 중요한 요소라는 것을 말하고 싶었다.

이런 학생들을 지켜보면서 우리나라에 정말 필요한 공학분야 교육은 체계적 사고와 문제를 정의하는 능력이란 것을 절실히 느꼈다. 즉, 다양한 사고의 체계가 가능함을 학생들에게 깊이 인식시키는 것이다. 엔지니어링 분야에는 정답이 없다. 시간과 비용 그리고 성능을 모두 만족시킬 수 있는 최선의 선택이 있을 뿐이다. 이를 학생들이 이해하는 과정은 결코 쉽지 않았다.

'왜'를 향해 가는 길은 험난하다. 내가 알고 싶다고 해서 남이 알려줄 수 있는 영역도 아니다. 법정 스님의 책을 통해 대중화된 '무소의 뿔처럼 홀로 가라'에는 다음과 같은 구절이 있다.

'서로 다투는 철학적 견해를 초월하고 깨달음에 이르는 결론에 도달하여 도(道)를 얻은 사람은 `나는 지혜를 얻었으니, 이제는 남의 지도를 받을 필요가 없다'하고, 무소의 뿔처럼 혼자서 가라. 무소의 뿔처럼 주지도 않는다.'[81)]

### 다. 다양성을 인정하자.

원자력발전 산업은 괴짜들이 필요한 산업이 아니다. 사실 모범생이 필요한 산업이다. 주위를 둘러보면 얼마나 많은 모범생들이 열심히 일하고 그들의 몫을 다하고 있는지 알 수 있을 것이다. 우리는 실리콘 벨리가 아니다, 우리는 발전소다. 하나의 일을 갈고 닦는 사

81) 수타니파타 중에서

람들은 사실 발전소의 전통을 만들었다. 우리 주위에는 조직의 전통을 존중하고 조직을 위해 모든 힘을 쏟으며 조직의 발전과 자신의 발전을 동일시하는 사람들이 너무도 많다. 조직과 경영자는 이런 사람들을 좋아하고 관리자로 선발한다.

왜 대기업은 혁신이 어려울까? 진 랜드럼은 다음과 같이 말한다. '대기업은 분기별 보고서에 너무 많은 정력을 쏟는다. 그들은 결코 새로운 것에 지속적인 힘을 모으지 못한다. 결국 전통의 한계에 머무는 회사들은 비약적인 기술 습득을 이루지 못한다.'[82] 그럼에도 불구하고 우리에게는 창조적이고도 직관적인 능력이 필요하다. 이러한 능력을 배양할 수 있는 교육 시스템도 필요하다.

여기 개인의 성향을 알려주는 지표가 있다. Myer Briggs Type Indicator(MBTI)[83]이다. 사람의 개성에 따라 선호하는 일과 공부의 방법이 달라진다. 다른 사람을 관리하고, 리더십을 기르고, 일을 꾸미고, 팀을 조직하여 관리하고, 상충되는 의견을 조율하는 각각의 업무는 사람의 성격에 따라 좋고 싫음이 나뉠 수 있다. 이처럼 MBTI는 모든 사람은 자신에 맞는 스타일의 직무 영역이 있으며 한 사람이 모든 직무 스타일을 골고루 가지고 있지는 않다는 고려도 포함하고 있다. 시간을 관리하고 문제를 정의하고 또한 이 문제를 해결하고, 적절한 의사결정을 이끌어내는 능력과 스트레스를 관리하는 능력까지, 자신의 타입에 대한 이해는 자신이 소속된 기관의 문화, 새로운 기술개발에 대한 개방성, 팀에 대한 기여과 변화관리 까지도 결정짓는다.

---

82) 진 랜드럼, 위대함에 이르는 8가지 열쇠 (Eight Keys to Greatness), 들녘

83) Introduction to Type in Organizations by Sandra K. Hirsh and Jean M. Kummerow (CPP 1998)

우리나라 큰 조직에 대해 MBTI를 해보면 7~8개 정도의 유형 성격을 가진 조직원이 있는 것으로 조사된다고 한다[84]. MBTI에서 제공하는 유형이 16개이니 어떤 조직이든 집단이 크면 16가지 타입이 나오는 것이 정상이건만, 조직의 성격과 유사한 사람만 뽑기에 특정한 유형의 사람들만 가득한 조직이 된다. 그리고 이런 편중은 다양성과 경쟁력을 낮춘다. 이러한 내용을 접하고 나서 KINGS 학생을 대상으로 한 MBTI 결과를 다시 찾아보았다. 과연 세 가지의 특정 성격유형에 많은 학생들이 몰려 있었다. 비록 유형의 종류는 한국인 학생 10가지, 외국인 학생은 9가지로 비교적 넓게 분포된 것으로 보였지만 대부분의 학생들은 세 가지 유형에 몰려있었고 그 외의 유형에는 1~2명 정도의 소수 학생이 해당되었다. 이는 대기업 직원들을 대상으로 한 MTBI의 결과와 거의 일치하는 조사 결과였다.

다양성은 왜 필요한가? 다음의 사례를 보자.

- 애플을 만든 워즈니악이 HP의 견습사원으로 컴퓨터를 접할 기회가 없었다면?
- 휴렛과 패커드, 스티브 잡스와 워즈니악에게 차고가 없었다면? 또한 차고에서 무언가를 만드는 아버지를 보지 못하고 자랐다면?
- 빌게이츠와 스티브 잡스가 1950년대 미국에서 고등학교를 다니지 않았고 컴퓨터를 접하지 못했다면. 또한 그들에게 IBM이나 모토롤라와 같은 회사의 지원이 없었다면?
- CPU를 개발한 인텔과 모토롤라와 같은 회사의 지원이 없었다면?
- 이들에게 비용을 대줄 벤처 캐피탈 사장이 없었다면?
- 어린애들이 만든 제품을 사준 테리와 같은 사람이 없었다면?

84) 안철수 교수, 싸움은 그만, 소통과 화합으로, 유투브 동영상 참조

자 그렇다면 우리나라에서 다음과 같은 일이 가능하겠는지 생각해 보자.

곰탱이처럼 처박혀 회로나 설계하는 녀석과, 머리는 장발에 수염은 길고 샌들을 찍찍 끌고 씻지않아 더럽고 냄새가 나고 버릇이나 싸가지는 영 없는 젊은 애가 만든 컴퓨터 제품을 하이마트나 전자랜드와 같은 대형 판매점에서 팔아준다? 그리고 벤처 캐피탈 사장이 이 녀석들이 있는 차고로 제품을 보러온다? 여러분 이라면 '온다와 오지 않는다.' 중 어디에 손을 들어주시겠는지. 아마도 한국인이라면 '당연히 오지 않는다.'에 손을 들지 않을는지.

열린 조직문화는 일하는 방식을 바꿀 수 있다. 우리가 부러워하는 일본의 장인정신은 마찌꼬바(町工場)라는 소규모 공장에서 나오고 있다. 이차세계대전 이후 황폐한 일본에서 과거의 기술력을 바탕으로 자생적으로 만들어지기 시작한 소규모 공장은 이제 H2 로켓이나 신칸센 고속철에 소요되는 정밀부품까지도 생산하는 수준이 되었다. 하지만 우리나라 원전의 구매체계는 철저히 실적위주이다. 그러다 보니 소규모 공장을 가진 기업에는 참여기회가 잘 주어지지 않는다. 열리지 않은 폐쇄적 사회. 이것이 밖에서 보는 우리의 모습이다.

### **라. 빅데이터를** 생각한다.

원자력계 사람들은 모르는 문제가 나오면 어떻게 할까? 책을 뒤적이거나 인터넷 검색을 하거나 어딘가에 전화를 걸 것이다. 과연 책과 인터넷과 전화를 통한 연결은 어떠한 수준의 정보를 우리에게 제공할까? 여기 세 개의 원이 있다. 각각의 원은 '무엇 Know what' 영역과 '어떻게 Know how' 와 '왜 Know why'영역이다. 일반적으로 인터넷은 '무엇'에 대한 정보를 제공한다. 책은 '어떻게'에 대한 정보를 제공하고 전화를 통한 전문가 질의는 '왜'의 영역에 접근할 수 있는 길을 알려준다. 상대방이 고수일 때 그렇다는 얘기다. 그림에서도 알 수 있듯이 책이나 인터넷, 전화등도 세계의 정보 영역을 서로 중첩하여 알려주기도 한다. 문제는 내가 원하는 정보를 몇 번 만에 얻을 수 있을까에 대한 것이다.

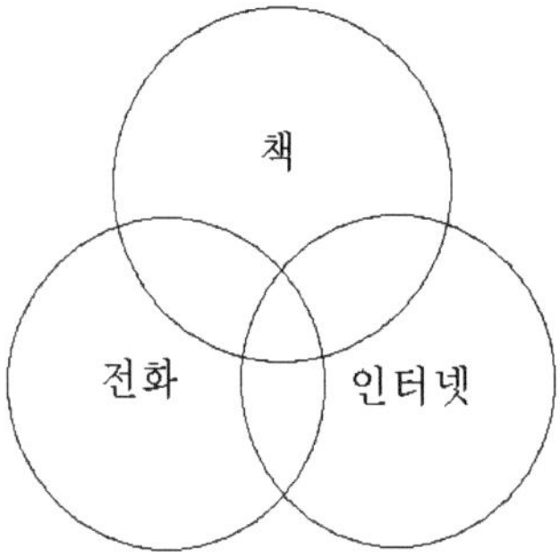


**정보와 지식의 검색은 다양한 수단을 통해 이룰 수 있다. 인터넷서 '무엇'에 대한 궁금증을 해결한다면, 책을 통해서는 '어떻게'의 영역을 그리고 전화를 통해서는 '왜'에 대한 궁금증을 해결할 수 있다. 여기서 전화는 직접 통신을 상징한다.**

바라바시는 그의 저서 '링크'[85]에서 인덱싱이 되어있는 웹문서를 검색하는데 필요한 클릭의 수는 로그값에 비례한다는 실험결과를 발표했다. 즉, N 개의 웹 페이지로 이뤄진 웹에서 한번 클릭 하는데 걸리는 평균거리를 D 라고 할 때, 이 거리는 다음의 공식을 적용하여 계산할 수 있다는 것이다. 여기서 log는 상용로그 (밑이 10인 로그)이다.

$$D = 0.35 + 2\log N$$

85) Abert-laszlo Barabasu, Linked The New Science of Networks, 동아시아

이 공식을 이용하면 8억 개의 웹 문서를 단순히 검색어를 입력하여 찾아내는데 대략 19번의 클릭이 소요된다는 것이다. 물론 원하는 정보가 그 곳에 있는가의 문제는 별개로 한다. 워낙 쓰레기 같은 데이터가 많기 때문이다. 그의 책에는 지구 내의 어느 누구도 6번의 경로를 통해 연결이 가능하다는 스텐리 밀그램[86]의 연구결과도 소개하고 있다.

빅데이터의 시대에 원하는 정보를 찾고 사용하고 순환해야 하는 우리로서는 빠른 시간 내에 원하는 정보를 얻고 싶어 한다. 그렇기 때문에 우리는 필요한 정보가 있을 때 책을 찾거나 인터넷을 검색하기 전에 전화부터 돌린다. 나보다 그 분야에 통달한 전문가를 잘 알기 때문이다. 하지만 주위에 한 번의 접촉으로 정보를 얻을 만한 사람이 없는 경우 그 사람의 소재를 찾기도 한다. '어디 Know where'와 '누구 Know who'를 알기 원하는 것이다. 곰곰이 생각해 보면 '어디' 정보와 '누구' 정보는 어떤 '허브 Hub'를 통해 얻기도 한다. 물론 허브는 정형화된 것이 아닌 나의 허브 즉, 비정형적인 허브다. 예를 들어 한수원의 어떠한 정보를 얻기 원한다면 내 동기들 중에서 관련 분야에서 일하는 친구를 찾으면 된다. 원자력연구원의 어떠한 정보를 원한다면 과거 같이 일했던 연구소 동료들 중 누구를 찾아가는 식이다. 몇 번의 시도를 하고 나면 이 메일이든 복사본이든 관련 전문가가 제공할 수 있는 정보를 얻게 마련이다. 물론 기관들의 정보보안 때문에 직접 열람해야 하는 불편도 있지만 말이다.

여기에서 하나의 생각이 떠오른다. 정보의 허브전략과 정보의 공유 체계다. 우리나라 원자력계의 상시고용자 수는 23,000명 수준[87]이라고 한다. 이 바닥 자체가 워낙 좁다. 좁은데도 불구하고 정보의

86) Stanley Milgram, The Small World Problem, 링크에서 재인용
87) 원자력산업회의 통계자료, 2011년도판 인용

단절은 정말 심각하다. 각 회사의 밥줄이 달린 문제를 제외하고도 공개자료 조차도 한 곳에 모여 있지 않다. 이렇다 보니 모든 자료가 비공개 자료로 분류되는 기현상도 생긴다. 인터넷에서는 얻을 수 있는 자료가 이 메일로 보내달라고 하면 보안 때문에 불가하단다. 정보의 왜곡 현상을 풀기 위한 지혜가 필요하다.

다음과 같은 발언에 주목해 보자. "설계기술이라는 것이, 문서나 컴퓨터 코드 등 가시적으로 나타나는 것은 일부에 지나지 않는다. 진짜 기술은 과학기술자의 머릿속에 들어 있기 때문에 파악하기가 무척 어렵다. 특히 수백 명의 기술자들이 가지고 있는 첨단기술을 종합해야 하는 원자력발전 기술은 더욱 그렇다. 그리고 우리나라 사람들은 자신이 가지고 있는 기술을 내 놓기를 꺼리는 습성이 있다. 그런데 이런 습성은 여러 단위 기술을 종합해야 하는 대형기술의 자립에는 결정적인 장애로 작용하게 된다."[88]

이와 같은 왜곡을 풀기 위한 방안은 없을까? 우선 다음과 같은 기술허브 전략이 떠오른다. '무엇'과 '어떻게' '왜', '어디', 그리고 '누구'의 5개 요소를 통합하는 것이다. 이를 이용하여 통합 지도를 그린다.

---

88) 이병령, 한국의 내일-기술만이 살 길이다. 피카소와 뉴튼

| 정보 요소 | 수집 대상 | 방법 |
|---|---|---|
| 무엇 (Know-what) | 인터넷 등 공개자료 | IT 검색기술 적용 |
| 어떻게 (Know-how) | 저술, 문서, 책 | 자료별 상세 요약본 작성 |
| 왜 (Know-why) | 공통 보유 지식 | 지식의 구조화 (형식지 변환) |
| 어디 (Know-where) | 기관의 보유지식 | 기관 기술지도 구축 |
| 누구 (Know-who) | 개인의 보유지식 | 전문가 지도 구축 |

지식 허브체계는 새로운 IT 기반 지식 검색 및 소통 체계를 구축하는 것으로부터 시작한다. 집단 지성을 이용한 지식화도 하나의 방법론으로 이용될 수 있다.

위의 표에서도 알 수 있듯이 '무엇'과 '어떻게'의 영역은 통합된 정보관리 시스템으로도 단기간에 구축이 가능하다. 하지만 '왜'의 영역과 '어디'의 영역, '누구'의 영역은 쉽게 구현될 수 있는 성질의 것이 아니다. 어떻게 접근할 것인가의 문제를 해결해야 한다.

## 한글의 탄생 ; 체계적 사고의 승리

조선시대 문명의 축을 바꾼 사건은 세종대왕의 한글 발명과 반포다. 발명전부터 반포까지 사대부들의 반대는 끝이 없었다. 당시 대표적인 사대부이자 집현전 대제학이었던 최만리의 반대는 결정적인 것이었다. 중국에 대해 부끄럽고, 스스로가 오랑캐와 같이 되는 것이며, 이두보다 더 비속한 문자를 만드는 것은 문화수준을 떨어뜨리게 할 것이다. 그리고 새 글자는 풍속을 크게 바꾸는 일이 될 것이나 이를 적은 수의 사람들만으로 졸속하게 추진하고 있다. 또한 상감과 동궁의 몸을 해쳐가며 온 정력을 쏟아 이 일을 처리하고 있으니 어찌 반대하지 않을 손가? 최만리의 반대논리다.

자 당신은 최만리의 이와 같은 상소에 얼마나 동의하는가? 약소국인 조선으로서, 강력한 명의 치하에서의 사대외교는 생존전략이었다. 다음과 같이 가정해 보자. 영어를 공용어로 하고 있는 많은 약소국들에서 대통령이 새로운 문자를 만들어 쓰겠다고 한다면 무슨 일이 벌어질까? 아마 암살당할지도 모른다. 더욱이 한글 창제를 직접 지휘한 문종은 건강을 해쳐 젊은 나이에 단종을 남겨둔 채 사망한다. 그 이후의 역사는 피비린내 나는 세상이 된다. 최만리의 보수적 주장은 시대의 안정을 추구한 사대부의 논리였다, 그가 지적한 졸속한 처리에 대한 문제도 참으로 뼈아픈 일침이었을 것이다.

최만리의 반대상소는 완벽한 논리를 가지고 작성되었다. 하지만 최만리 같은 이에 의해 반포자체가 어려워졌다면 오늘날 우리는 어떻게 살까? 아마도 베트남처럼 영어 알파벳을 차용해 언어를 표기하지는 않았을까? 생각해 볼수록 세종의 리더십은 대단한 것이다.

세종은 아버지 태종에 의해 왕권이 강화된 나라를 물려받았다. 외척이 왕권을 약화시키는 치명적인 사태를 방지하기 위해 태종은 자신의 손에 또 한 번의 피를 묻혔다. 바로 세종의 장인과 처남들을 모두 죽였던 것. 그럼에도 불구하고 사대부로 통칭되는 조선의 신권(臣權)은 막강했다. 사대부의 나라를 만들려고 했던 정도전의 국가 설립의 기본 철학은 시퍼렇게 살아 조선이 망해가는 한말에 이르기까지 지구상에 유일한 지식인의 나라를 운영했다.

그러니 세종으로서는 아버지 태종이 온갖 욕을 들어가면서 강화시키려 했던 왕권을 지키고자 했던 것은 당연했다. 왕권을 포기하고 신권을 강화시켜 허수아비 왕이 되느냐 아니면 아버지 태종처럼 그야말로 살아있는 권력을 양 손에 틀어쥐고 강력한 리더십을 발휘하느냐는 세종의 선택이 아니었다. 리더십이야 말로 초기 안정기에 들어선 조선에 필요한 가장 핵심적인 덕목이었다. 새로운 나라에는 변화와 혁신이 필요했다. 아버지에 의해 안정된 정치권력을 바탕으로 조선을 더욱 부강하고 새로운 나라로 바꿔야 할 그 시점에 세종은 왕이 되었다.

이러한 세종이 취한 선택은 바로 소통과 문화였다. 그는 서민과의 직접 소통을 위해 문자를 만들었다. 물론 집현전 학자들도 모두 반대했다. 다만 소장파와 진보적 파만이 세종의 빅 아이디어를 따랐다.

언어는 일차적으로 system of sound 이다. 갑골문도 중국인의 소리의 체계를 형상화한 것일 뿐이다. 우리는 신라시대 이두와 같이 중국의 한자 (문자)체계와 우리의 음운체계를 맞추기 위해 노력해 왔다.

그러나 중국의 한자와 우리의 언어는 발음도 달랐고 문법 구조 역시 상이했다. 한국과 일본의 언어구조는 기본적으로 주어+목적어+동사(S+O+V)의 순서다. 하지만 영어, 중국어는 주어+동사+목적어(S+V+O)의 순이다,

언어체계와 문법체계가 다르다는 것은 소통에 있어 큰 걸림돌이다. 중국의 한문을 쓰던 당시의 사람들의 불편은 이만저만이 아니었을 것이다. 뿐만 아니다. 중국의 한자는 단음절 구조다. 하나의 문자가 갖는 의미는 매우 포괄적이다. 따라서 접속사 하나의 위치에 따라 의미가 여러 가지로 해석될 수 있다. 내가 보고 있는 논어도 이정(二程), 주희(朱熹), 오규 소라이(荻生徂徠), 정다산(丁茶山) 등의 여러 가지 다른 해석과 견해가 있다.

빨리 디자인해 내어라. 물론 참고할 모델은 없다. 우리에게는 음운체계에 통달한 언어 전문가도 없고 이론적 배경도 없다. 집현전 소장 진보파 8명에게 주어진 프로젝트명은 바로 '미션 임파서블 : 'Designing of System of Sound'

짧은 시간에 새로운 문자를 만들고자 노력했던 이는 세종이 처음이 아니다. 중국을 집어삼킨 쿠빌라이 칸은 몽골어를 중국대륙에 유포하기 위해 몽골어 표기법을 만들도록 국사인 파스파에게 명령한다. 이 결과로 1269년 '파스파 문자'가 새로이 창제되지만 원나라의 멸망과 함께 결국 폐기되고 만다. 잊혀진 문자가 된 것이다. 일본의 가나문자야 한자의 초서체를 베낀 것이니 문자를 새로 만들었다고 얘기하기도 부끄러운 수준. 한글의 위대성은 단시간에 당시에 통용되던 음운학 지식을 완벽히 받아들여 이를 몇 백년 동안 변함없이 사용토록 한데 있다. 이러한 문자의 유례는 전무후무한 것이다.

그렇다면 세종과 문종, 그리고 집현전 학자들은 어떻게 우리의 문자를 설계하고 만들었을까? 중국의 한문체계는 몇 천년에 걸쳐 자연스럽게 진화한 문자 체계다. 반면 한글은 몇 년 만에 완벽한 형태의 모델로 탄생하였다. 어떻게 이러한 일이 가능했을까?

무엇보다도 성운학 모델의 개발을 들 수 있다. 중국 성운 체계를 연구하기 위해 세종 시대의 대표적 학자인 신숙주는 성삼문과 함께 중국을 열세차례나 왕래하며 중국 성운학을 공부했다. 중국어는 발음기호로 표기가 불가능한 문자다.

뜻글을 발음으로 표기하는 것 자체가 힘든 것이다. 그저 그 모양을 보고 뜻을 아는 것이 전부다. 하지만 중국에도 한자의 음을 표기하기 위하여 두 개의 한자를 조합하는 체계인 반절 (反切) 체계가 있었다. 바로 성모(聲母, 上字 또는 자음)와 운모(韻母, 下字)다. 내가 배운 중국어책에는 자음인 聲母가 11개이고, 운모는 17개다. 이를 이용하여 병음할 수 있는 경우는 94가지가 된다.

그러면 기존의 한자의 음은 어떻게 표기했을까? 동쪽을 가리키는 東의 발음은 한자로 德(聲母)와 紅(韻母)로 표기할 수 있다. 현대 중국어 표기법으로는 동(東)이 덩(tung)으로 표기되니까 tuck(德)에서 聲母를 따고 紅(hung)에서 韻母인 ng를 따면 '덩' 발음을 표기할 수 있었던 것이다. 조선의 문자 설계자들은 이 모델을 깊이 연구했다. 그리고 이분법 체계로 발음을 표기하는 것이 우리말에 적합지 않다는 것을 깨달았다. 그들의 천재적 창의성은 3분법을 고안한데 있다.

중국의 음운 체계 : T + UNG (성모 + 운모)
집현전 학자들의 체계 : T + U + NG (자 + 모 + 자)

집현전 학자들은 우리의 언어에서 자음으로 표기할 수 있는 것은 모두 17개이고 모음은 11개인 것을 알아냈다. 그리고 자음 모델에 오행의 원리를 적용했다.

아음 (牙音) : 木 : ㄱ, ㅋ (영어의 표기법은 g, k로서 형태적인 관련은 서로 없다. 그러나 한글은 형태적인 연관성까지 정확하게 일치시키고 있다)

설음 (舌音) : 火 : ㄴ, ㄷ

순음 (脣音) : 土 : ㅁ, ㅂ

치음 (齒音) : 金 : ㅈ, ㅊ

후음 (喉音) : 水 : ㅇ, ㅎ

한글의 우수성은 인간의 발성체계를 디자인하여 문자로 디자인한 것에서도 발견할 수 있다. 그렇다고 발성기관의 모양과 정확히 일치하지는 않는다. 그들은 한글 디자인의 체계를 설명 가능한 체계로 바꾸어 이론적 체계까지 제공하였다. 즉, 무형의 체계를 유형의 체계로 바꾸었다.

옛 사람들은 하늘은 천문학적으로 둥글다고 생각했다(天圓地方). 이러한 사고의 바탕에서 하늘을 점 ・으로 표기했다. 하늘 아래에는 사람과 땅이 존재한다. ㅡ(땅)과 ㅣ(사람), 이를 조합하여 모음을 만들었다. 바로 ㅏ (사람과 하늘의 결합)과 ㅗ (하늘과 땅의 결합)이다.

어떠한가? 기가 막히지 않는가? 그들의 프로젝트는 세종조까지 우리 민족에게 축적된 문화를 남김없이 쏟아 부었다. 그리고 지구상의 오직 유일한 문자에 그들의 철학과 사상과 기술을 녹여냈다. 그들이 한글을 개발해 간 과정을 알아 갈수록 탁월하다는 말 이외에는 덧붙일 수사가 생각나지 않는다. 가장 과학적으로 모델링되고 구현된 언어, 그것이 한글인 것이다.

오늘을 사는 우리는 어떤가? 오늘날 영어는 우리민족이 가장 우선해야 할 언어가 되었다. 세상은 온통 영어로 도배되었다. 하지만 모바일의 시대, 한글과 영어는 문자의 이해와 식별에서 경쟁 상대가 되지 않는다. 컴퓨터와 가장 궁합이 잘 맞는 언어 역시 한글인 것이다. 한글은 가장 창조적이고, 가장 경제적이고, 가장 단순한 도형의 형태로 가장 복잡한 인간의 발성 형태를 담으려고 노력한 조상의 유산이다. 오늘날 이 이상의 창조적인 디자인이 어디에 있는가.

단순한 무형의 세계를 창조적으로 유형화 시킨 디자인 기술은 어디로 갔는가??

제4장

# 다시 힘을 내자! 가까운 미래 2030년을 위해.

## 1. 가까운 미래를 생각한다.

2009년 '미래 원전기술'이라는 졸저를 발간하였다. 주제가 원자력에 한정 되었고 안목과 생각이 좁아 널리 읽히지는 못했지만 가까운 미래인 2030년을 어떻게 예측하고 대비할 것인가에 대해 공부를 하는 기회가 되었다. '미래 원전기술'이 원전을 기술적 요소로만 바라보는 저술이었다면, 본 장에서는 원전의 미래를 사람과 사람이 만드는 자료 중심으로 풀어보고자 한다. 모두들 복합, 통합, 융합을 얘기하고 심지어 통섭이라는 새로운 단어도 등장하였다. 기술과 기술의 통합뿐만 아니라 기술과 인문사회학의 통섭이 필요하다는 논리다. 이 시대의 아이콘은 기술과 인문학을 적절히 버무리는 사람들이다. 스티브 잡스가 그렇고 안철수가 그렇고 최재천이 그렇다.

하지만 나는 2030년을 준비하는 우리의 내적 성숙은 기술 못지않게 사람과 조직의 성숙을 통해 더 많이 이루어질 수 있다고 확신한다. 연일 터지는 원전의 불미스러운 사건은 모두 사람과 조직의 바로세움을 요구한다. 세상은 온통 변화와 혁신을 외치는데 '우리만의 방식'을 고집하고 바꿈을 두려워하는 사람과 조직은 결국 외부의 힘에 의해 '변화와 혁신'을 맞이할 수밖에 없는 것이다. 이럴 때 우리는 어떻게 해야 할까? 우리의 문제를 외부에 있는 그 누군가의 '쾌도난마'에 맡길 수는 없는 문제니 어떻게든 풀어봐야 하지 않겠는가?

내게 2030년은 어쩌면 만나지도 못할 시대인지도 모른다. 지금 초급간부가 된 젊은 직원들에게도 2030년은 성숙의 시대이지 성장의 시대가 될 수는 없다. 그렇다면 2030년은 누구를 위해 준비해야 하는가. 바로 신입사원들이다. 원자력교육원에서 만나는 젊은이들이 가끔씩 인사를 건네올 때면 그렇게 뿌듯할 수가 없다. 아침 7시 교육원 서클을 뛰는 젊은이들과 마주치는 시간은 내가 젊음의 에너지를 공급받는 시간이다. 또한 몇 백 명의 자식 같은 젊은이들과 줄을 서 점심을 먹는 시간도 내겐 도전이 된다. 점심을 먹고 나서 식당 밖 임시 선반에 놓인 그들의 교재를 들춰본다. 뭘 배우고 있는지 무척 궁금하다. 빨간색, 파란색 펜으로 강사의 설명을 빼곡히 써 놓은 교재가 있고, 형광펜으로 줄을 썩썩 그어 놓은 것도 있다. 다들 열심이군. 대견해 하면서 젊은이들을 뒤로 한다.

2012년 런던 올림픽은 우리나라의 신세대가 어떻게 변했는지를 짐작할 수 있는 기회였다. 언론 매체는 금메달을 딴 선수들이 자신의 메달을 물어뜯는 사진을 게재했다. 선수들의 인터뷰 내용은 우리 사회가 매우 밝아졌다는 사실을 확인할 수 있게 했다. 사격의 김장미는 "금메달 따는 순간 울컥 하기도 했지만, 금메달인데 웃어야지 생각했다. 사고쳐서 내 이름 석자를 알리고 싶었다'고 했다. 펜싱의 김지연은 금메달을 따는 순간에 대해, "아. 내가 미쳤구나. 이런 생각이 들더라"라고 자신의 생각을 거침없이 드러내 보였다. 우리나라 사상 최초로 체조에서 금메달을 딴 양학선은, "손을 짚고 날아오르는 순간 내가 깃털이 된 것 같았다"고 했다.

우리에게는 '우생순'으로 더 잘 알려진 여자 핸드볼은 올해도 어김없이 눈물을 보였다. 초반부터 부상선수가 이어지면서 혹독한 체력 부담을 안고 경기를 치른 선수들은 결국 4강전에서 패해 메달을 따지 못했다. 선수들이 모두 울고 있을 때 강재원 감독은 "유럽 선수들을 봐라 이겨도 웃고, 져도 웃는다. 이건 스포츠다."라고 했다. 이에 대해 경향신문의 이용균 기자는 '설움으로 포장된 억압은 되레 선수들의 플레이를 방해하는 족쇄 역할을 한다.'고 말한다. 국제 무대에 나가 이기면 즐거워 웃고, 져도 설움을 느끼지 않는 당당한 대

한민국이 점점 더 다가오고 있는 것이다.[89)]

참 세상은 많이도 바뀌어 간다. 우리의 젊은이들도 우리와는 다른 종족이다. 이들을 위해 나는 무엇을 준비해야 할까? 생각해 본다.

## 2. 싸이월드와 MP3

며칠 전 '부처님 오신 날'이 연휴로 이어지는 금요일 저녁에 서울에서 대전으로 오는 시외버스를 탄 적이 있다. 집으로 돌아오는 표를 사전 예약을 못한 것이 불찰이었다. 매표창구에 도착했을 때, 당일 승차권은 이미 매진이었고, 매표원은 입석으로라도 가겠느냐고 물어왔다. 버스를 타고 갈 수만 있다면 서서는 못 가겠는가? 흔쾌히 표를 사고 한참을 기다린 후에, 요즈음은 경험하기 어려운 고속도로를 운행하는 입석버스를 타고 내려왔다. 고속도로를 달리는 버스에 입석 손님을 태우는 것이 불법이 아닐까 생각하면서, 한편으로는 그 불법에 동조하는 나의 도덕성을 가볍게 반성하면서 이리 흔들 저리 흔들거리고 있을 즈음, 버스는 호법을 지나 이천을 달리고 있었다. 그 때 버스가 서서히 정차하더니 앞 차 후미 등의 반짝이는 노란 불빛이 눈 앞에 들어왔다. "어이쿠, 도로가 정체되는 군." 버스가 달리지 못하니 내 다리도 서서히 힘이 없어져 간다.

그 때였다. 버스의 운행 내내 스마트폰을 가지고 무언가 보고 있던 사람들의 화면이 통일되는 듯한 느낌이 왔다. 천천히 버스 실내를 둘러보니 (어두운 버스를 입석으로 타지 않고서는 어떻게 남들이 무얼 보고 있는지를 알 수 있었겠는가) 대부분의 사람들의 스마트폰

89) 경향신문 이용균 기자, 교직원 신문에서 발췌 인용

에는 키보드가 표시되어 있었다, 필시 가족들에게 버스가 늦게 도착된다는 것을 알리는 문자통신이었으리라. 버스의 정체시간은 약 40여분. 그 시간 동안 내 시야에 들어온 사람들은 스스로가 엄지족이 되어 문자통신을 하고 있었고, 버스가 정상속도로 운행되고 나서야 그들의 화면에서 키보드가 사라졌다.

이 때 나는 우리의 네트워크가 가족과 지인을 중심으로 형성되었다는 것을 깨달았다. 나와 무명의 다른 사람과의 관계도 형성되지만 우리의 네트워크는 주로 아는 사람과의 관계가 된다. 이러한 관계성이 사이월드를 세계 최초로 만들고도 페이스북이나 트위터처럼 세계화를 시키지 못한, 생각의 장벽으로 다가온 것은 아닌지 생각해 본다. 그리곤 우리에게 필요한 것은 생각의 장벽을 저 멀리 밀어내거나 아주 헐어버리는 것일 거라는 생각을 해본다.

제임스 와트는 결코 증기기관을 발명하지 않았다. 그는 뉴커먼이 발명한 증기기관의 단점을 실린더와 응축기를 분리시킴으로서 보완했다. 이로서 대기압의 영향을 받지 않고 증기힘 만으로 움직이는 기관 발명이 가능했던 것이다. 잘 알다시피 스티브 잡스 역시 있는 기술을 잘 버무린 사람이다. 팔로알토 연구소에서 마우스와 아이콘으로 제어되는 운영체계 설계의 아이디어를 얻었고, 한국 기업들의 텃밭이었던 MP3 시장을 아이튠스와 결합시켜 파괴시켜 버렸다. 이로서 한국의 MP3 생산기업은 졸지에 삼류가 되었다.

이렇듯 세상은 우리가 교육받지 않은 이상한(?) 방향으로 흘러간다. 이러한 시점에서 우리는 자식세대를 위해 무엇을 해야 할까. 이것이 고민이다. 싸이월드와 MP3의 전철을 받지 않도록 생각의 장벽을 치우고, 기술을 버무려 새로운 것을 만들어 내도록 하는 교육, 이

것이 내가 자식세대에게 해 줄 수 있는 가장 의미 있는 일이 아닐까?

## 3. 자치기 놀이와 공방문화

어렸을 때 자치기 놀이를 좋아했었다. 지금이야 어린이들이 가지고 노는 모든 장난감은 공장에서 만들지만 내가 어릴 때 가지고 놀던 딱지며, 자치기, 겨울에 타던 썰매 등은 직접 만들거나 아버지나 형 등이 만들어 주던 것들이었다. 물론 공장에서 일률적으로 규격화하여 만든 제품과는 사뭇 달랐다. 애들과 놀이를 할 때면 나의 기량보다는 형이나 아버지의 기량에 따라 가지고 노는 놀이기구의 성능이 한참이나 차이가 났다.

자치기 놀이기구는 단순하다. 기구는 두 부분으로 나뉘는데, 한 뼘 정도 되는 짧은 나무 막대의 양 끝을 뾰족하게 깎은 것을 '말' 또는 '알' 이라고 한다. 또 하나의 부분은 '채'라고 부르는 긴 막대다. 자치기의 기술은 두 가지다. 바닥에 눕혀져 있는 '말'의 끝을 쳐 공중으로 높이 튀어 오르게 하는 것이 첫 번째 기술이고, 튀어 오른 '말'을 '채'로 다시 힘껏 쳐서 멀리 보내는 것이 두 번째 중요한 기술이다. '말'이 공중에 높이 오를수록 헛방을 지르지 않고 멀리 쳐서 보낼 정확한 타이밍을 잡기가 쉽기 때문이다. 이 때 '말'은 가급적 공중에서 빙글빙글 돌지 말아야 한다. 회전하는 물체를 쳐서 멀리 보내는 것은 정지된 물체를 치는 것 보다 어렵고 중심에 맞추어 멀리 날려 보내기는 더욱 어렵다.

가볍지도 무겁지도 않은 나무 조각을 골라 양 끝을 쐐기 모양으로 고르게 깎는 기술은 생각보다 쉽지 않다. 뾰족한 부분이 정 중앙에 있을수록 무게 중심이 잘 맞기 때문에 공중에서 회전이 고르게 되고 중앙을 정확하게 쳐낼 확률이 커진다. 우리의 손기술은 이렇듯 어려서부터 놀이를 통해 자연스레 얻어진 것이다. 누가 특별히 가르치려고 의도한 것도 아니지만 자치기 기술과 같이 단순하면서도 여러 가지 이론이 사용된 놀이를 통해 물체의 움직임을 습득하게 된다. 지렛대의 원리, 작용과 반작용 등 이를 모델로 만들어 분석할 수 있는 방법은 다양하다. 소프트웨어를 사용할 경우, 이러한 전통 놀이를 과학적으로 분석하고 최적화 할 수 있는 좋은 길이 열린다. 그런데 언젠가부터 우리는 우리의 전통 놀이를 아이들의 놀이로만 생각하는 경향이 있다. 놀이와 과학의 결합은 어렵지 않다. 이미 알고 있는 사실을 물리적인 공식과 이를 시뮬레이션할 수 있는 소프트웨어를 이용하여 재현하는 것 이것이 바로 고도화 된 사회의 진정한 교육이고, 이를 통해 아이들은 한 단계 성장한다.

미국의 페어팩스 지역에 있는 취미 코너를 들른 적이 있다. 이 코너는, 우리나라 동네 마다있는 대형 슈퍼마켓 크기의 공간에 정교한 모형 기차나, 각종 플라스틱 조립모형, 무선으로 조정되는 자동차나 비행기, 소형 고체 엔진이 달린 로켓 등 참 다양한 제품들이 쌓여 있었다. 요즘이야 우리나라에서도 웬만한 동네에는 규모는 좀 작지만 이런 가게들을 가끔 볼 수 있으니 더 이상 신기한 광경은 아니다.

내가 중고등학교에 다닐 때 '학생과학'이라는 잡지는 과학이 열어가는 새로운 세상에 대한 무한한 동경심을 심어주었다. 그리고 그 잡지의 권말 부록에는 그 달의 특집으로 엔진 동력으로 돌아가는 비행기 등의 제작 방법이 그림과 함께 자세하게 소개되어 있었다. 그런데 정작 문제는 제작 기사에서 얘기하는, 이를 테면 '발사나무 4호'와 같은 재료를 살 곳이 없다는 것이었다. 서울 청계천쯤에나 가야 하니 아주 어려운 일이 되어 버렸다. 학교에서 선생님의 지도하에 과학실험을 하고 부모님과 함께 인터넷에서 간단하게 주문하고 원하는 실험을 할 수도 있는 오늘날과는 전혀 다른 환경에서 자랐으니까. 이렇듯 내가 어릴 때 학생이 무언가를 집에서 스스로 만들어 보는 것이 쉽지는 않았다. 더욱이 고가의 재료가 필요한 엔진 동력의 비행기 만드는 좀처럼 해 볼 수 없었다. 내 고등학교 친구 하나도 일제 '09 엔진' 하나를 사서 가끔씩 공회전만 시켜보는 것으로 끓어오르는 어린 열정을 달랬다. 모든 것이 쉽지 않은 때였다. 비록 학생과학 잡지에서 도판과 함께 각 부분에 대한 상세한 설명을 붙여 손에 잡힐 듯한 제작 후의 모습도 함께 보여주었지만 호기심을 현실로 만들기에는 돈도 없었고, 부모님 허락도 받기 어려웠던 힘든 세월이었다.

인터넷이 발달해 상품을 구매하는데 있어 물리적 거리가 없어진 요즈음도 미국의 취미코너를 보는 나를 부럽게 하는 것이 딱 한 가지 있다. 바로 아이들이 직접 토론하고 다양한 부품이나 소재를 이용하여 만들어도 볼 수 있는 공방이었다. 내가 어릴 때 동경해 마지않았던 '발사 나무' 재질이 대형 랙에 빼곡하게 들어 있고, 모형을 제작하는데 사용할 소형 부품들이 잘 준비되어 있는 공방은 가게의 커다란 공간을 차지하고 있었다. 대형 스크린과 노트북 컴퓨터도 마련되어 있어 학생들이 인터넷으로 새로운 제작기술이나 부품을 직접 확인할 수도 있고, 가게의 종업원들은 이 분야의 전문가들이니 훌륭한 선생님 노릇도 할 수 있는 대형 공간이 한 없이 부러웠다. 백문이 불여일견이라 했던가. 어릴 때 한번 만들어 본 기억이 있는 사람과 그림만 동경하던 나 같은 사람과는 실제의 제품을 다루는데 있어서 큰 차이가 날 것이다.

사실 미국은 이차세계 대전 전에는 과학기술 어느 분야에서도 수준이 그리 높지 않았다. 외형은 훌륭했지만 성능은 시원치 않았던 전투기 기술과, 1900년대 초반 기술을 그대로 답습하고 있는 수상함정 설계 제작기술은 전쟁을 통해 그리고 전쟁 이후 습득한 영국이나 독일의 기술을 통해 급속하게 높아갔다. 그러나 설계도만 가지고 하루아침에 과학기술이 발전될 수는 없는 노릇. 정작 그들의 기술진보는 이런 공방 문화와 아빠와 함께 하는 실험정신에서 나왔다. 컴퓨터와 IT 산업, 그리고 정밀계측 산업에서 선두의 위치를 차지하고 있는 휴렛패커드의 옛 광고에는 오두막 사진이 나온다. 휴렛과 패커드가 시작한 전자 계측산업은 그들이 대학에서 배운 지식과 함께 그것을 실현할 수 있었던 작은 오두막에서 시작된 것이다. 엄청난 부존 자원과 함께 어려서부터 아버지와 익혀온 공방문화가 영국이나 독일 등의 과학기술 선진국 기술과 더해져 큰 상승효과가 났다. 여기에 한 가지 더. 집안의 차고, 오두막 등에 갖춰진 각종 공구들은 그들의 손 감각을 키워내었으니 미국 기술이 세계를 제패한 근본에는 각종 공구의 세계도 큰 몫을 차지했다.

자녀를 위한 투자에 무엇이 좋을까를 고민하는 부모들이 참 많을 것이다. 휴일이 되면 SUV에 야영도구를 잔뜩 꾸려가지고 가족과 오붓한 캠핑을 떠나는 젊은이들도 참 많아졌다. 사회가 참 아름다워지고 있고 정서적으로 안정되고 있다는 증거다. 여기에 보태 하나의 현상을 만들면 어떨까? 바로 공방 문화다. 단독주택이 중심이 되는 미국과 같이 각 가정마다 공방을 더한 공간을 만들 수는 없겠지만 애물단지인 아파트 지하층 등을 이용해 자녀들이 마음껏 상상의 나래를 펼 수 있는 공방을 만든다면 2030년의 우리에게 분명 큰 혜택이 되어 돌아올 것이다. 이곳에서 한국의 에디슨도 나오고 아인슈타인도 나오는 그런 날을 빨리 보고 싶다.

## 4. 외국 영화 독법

지금 텔레비전에서는 추석특집 영화가 상영되고 있다. 배우 신하균과 고수가 나오는 '고지전' 이다. 이 영화는 예전에 고리원자력본부의 스포츠문화센터에서 지역주민을 대상으로 상영할 때 공짜로 봤던 것이라 더욱 특별하다. 시골에서 최신 영화를 큰 화면으로 볼 수 있는 행운을 가진 사람은 그리 많지 않다. 이 영화를 작은 텔레비전 화면으로 다시 보는데도 그때의 감흥은 사라지지 않는다. 그러다 문뜩 한 가지 생각이 다가왔다. 서양 영화는 일 년 정도의 시간이 지나면 스토리가 거의 생각나지 않는데 한국영화는 스토리가 생생히 생각나고 때론 대사조차 문득문득 떠오르는 이유는 뭘까?

영화 '매트릭스'는 참 난해한 영화다. 비디오를 여러 차례 다시 봐도 디테일이 이해되지 않는 경우가 많다. '매트릭스'는 그만두고 '배트맨'과 같이 별 내용도 없는 영화도 한번 봐서는 이해가 쉽지 않다. 거기다 자막까지도 휙 지나가 버리니 '조커'가 왜 그 장면에서 그 얘기를 했는지 도통 연결이 되지 않는다. 이렇듯 외국 영화는 보기가 쉽지 않다. 물론 메릴 스트립이 나오는 '아웃오브 아프리카'에서 '모짜르트의 클라리넷 협주곡'이 주는 아련하고도 애절한 감정은 주인공들이 이루지 못한 사랑의 아픔을 고스란히 전해주고, '매디슨 카운티의 다리'에서 연인을 따라 가출하지 못하고 집에 눌러앉고 마는 가정주부(메릴 스트립 분)의 절절한 마음은 남자인 내게도 깊이 전해온다. 이렇듯 비언어적 감정의 교차는 영화의 완성도를 높이는 또 하나의 축이요 동서양을 넘나든다.

외국 영화를 자막과 함께 볼 때의 이해도를 다음과 같은 공식으로 풀어보았다. 여기서 주목해야 할 것은 이해도를 결정하는 각 요소들은 서로 '곱'의 관계를 가지고 있다는 것이다. 따라서 하나의 요소에 대해 관객이 낮은 이해도를 가질 경우 종합 이해도는 현저히 낮아진다. 이것이 바로 한국영화와 외국영화에 대한 이해도의 차이다. 이를 수학기호로 옮겨보면 다음과 같이 간결해 진다.

$$P_{Umovie} = \prod_{i=1}^{4}(w_i \cdot P_i)$$

**외국영화의 이해도 = 영화 스토리의 이해도 x 화면의 이해도 x 자막 읽기속도 x 감정의 전달력**

여기서 $w_i$는 각 이해도별 가중치이고, $P_i$는 이해도를 확률로 표기한 것이다. 영화 '고지전'을 보면서 곰곰이 생각해 봤다. 상기의 공식이 가능한 요인이 어디에 있는가? 그러다가 갑자기 내 머리를 휙 스치고 지나가는 아주 단순한 생각, 바로 이것이었다. '우리 것이니까!' 우리 생각을 우리말로 풀어내는 우리영화는 이해가 빠르고 또 감정이입이 자연스럽다. 반면에 외국 영화는 최소한 위의 네 가지 요소가 맞아 떨어져야 감흥을 주니 메시지 전달이 쉽지 않은 것이다. 할리우드 대작들이 종종 우리나라 영화에 참패를 당하는 이유도 여기에 있지 않을까 생각해 본다. 물론 잘 짜여진 시나리오와 화면의 정결함에 이끌려 반복적으로 보게 되는 외국영화도 있지만 역시 한국인의 문화를 담고 있고 따뜻한 우리의 시각으로 카메라 앵글을 고정하는 우리영화의 힘 역시 막강한 것이다. 인간에게는 국적을 불문하고 같이 공감할 수 있는 공통적 감정 이외에도 자라온 문화에 의해 지배되는 요소도 크게 작용하기 때문이다.

이러한 공식을 원자력발전에 적용해 보면 어떨까? 원자력발전기술을 우리가 어렵게 생각하는 것은 최초 단계부터 우리 생각으로 풀어

쓰지 않은 것에도 기인한다. 아무리 아인슈타인의 상대성원리를 설명한다 해도 핵분열과 그에 따른 전기에너지의 생성 메커니즘은 쉽게 이해되지 않는다. 원자력발전소는 그야말로 융복합적인 기술이 요구되는 대상물임에 틀림없기 때문이다. 쉽게 말해 각종 기술이 섞어찌개 또는 잡탕밥처럼 모이고 서로 맛을 주고받아 먹을 만하게 된 것이 원자력발전인데 문제는 맛이 스테이크나 스파게티처럼 '양식'이라는 것이다. 단일 기술을 섞어 새로운 원자력발전소를 만드는 것은 영화 한편을 만드는 과정과 유사하다. 시나리오를 쓰고 촬영장소를 섭외하고 특수효과와 그래픽까지 더해 배우들의 연기를 가능하게 하는 프로세스는 원자력발전소를 개발하고 현실화 하는 과정과 그리 다를 바 없다.

고민은 여기에서 출발한다. 어떻게 해야 원자력발전소에 참여하는 모든 사람들의 기술에 대한 이해도를 높일 수 있을까? 영화의 관객과 원전의 설계부터, 건설, 운영단계까지 참여하는 참여 원을 같은 시점에서 바라보면 외국 영화 이해공식을 변형하여 기술의 이해도를 공식화할 수 있지 않을까? 물론 서툴고 설익었지만.

아래의 각 곱셈 요소들을 분석해 보면, 설계철학의 이해가 가장 핵심적인 사상임을 알게 된다. 영화의 시나리오와 같이, 원전설계의 일정한 스토리 라인을 설정하는 방법은 극동지역에서 생활해 온 한 민족과 미국인의 차이가 가장 크게 나타나는 요소다. 동서양의 차이

$$P_{Umovie} = \prod_{i=1}^{4} (w_i \cdot P_i)$$

**원전 참여원의 기술이해도 = 설계 철학의 이해도 x 건설 방법론의 이해도 x 기술문서의 이해속도 x 문화적 차이에 의한 기술의 달력**

는 고사하고, 같은 서양인 프랑스 기술로 지어진 울진 1,2호기와 캐나다 기술로 지어진 월성원전, 그리고 나머지 미국기술로 지어진 원전들의 설계개념을 비교해 봐도 차이가 크다. 설계철학과 사상이 다른 것은 건물 배치만 봐도 확연히 차이가 난다. 그러니 내 손으로 내 철학적 관점에서 발전소를 지으면 얼마나 다르겠는가? 건설 방법론도 마찬가지다. 같은 프로젝트 관리기법이 적용된 건물이라 할지라도 짓는 사람의 기술에 따라 달라지는 것이 건물이 듯, 차이는 얼마든지 발생할 수 있다. 특히 기술전수 계약을 통해 공동설계참여에 의해 설계를 시작한 우리의 경우, 기술의 직관적 이해는 거의 불가능하다. 남 보다 더 많은 시간을 들여 곰곰이 따져보고 꼼꼼히 들여다봐야 이해가 가능한 것이다.

우리나라 원자력발전소의 주제어실을 둘러보면 참 재미있는 현상을 발견할 수 있다. 우리 동양인과 체구가 비슷한 프랑스 사람들이 설계한 '울진 1,2'호기 발전소의 주제어실과, 영국인과 프랑스 인이 섞여 사는 카나다 사람들이 설계한 '월성 1,2,3,4'호기 원전의 주제어실, 그리고 미국 사람들이 설계한 발전소의 주제어실 형상과 배치, 심지어 색상까지도 서로 다르다는 것이다. 초기 원전의 설계를 '원자력잠수함' 기술로부터 발전시켰던 미국 웨스팅하우스의 경우, 주제어실의 기본 개념의 많은 부분이 군용기 '칵피트(cockpit)'의 개념으로부터 출발 했던 것 같다. 워싱턴 DC에 있는 항공, 우주 박물관에 전시된 각종 항공기나 우주선의 조종실 기기 배치와 원전 주제어실의 각종 제어반 배치에서 유사성을 느끼는 것은 나만은 아닐 것이다. 체구가 작은 나라의 사람들과 체구가 비교적 큰 사람들이 만드는 주제어실은 크기부터 다소 차이가 난다. 마치 미국에서 옷을 사면 품은 맞는데 기장이 맞지 않는 것과 같이 쓸 때 없이 큰 것이다. 사소한 부분까지 살펴보면 서로 다른 것이 한 두 가지가 아니다.

여기서 나는 사실 하나를 지적하고자 한다. 체구가 서로 다른 사람들이 크기와 배치를 자기 특성에 맞게 달리 하듯이, 살아온 환경과 문화가 다른 원전이 어떻게 기본적으로 같은 개념에서 출발할 수 있겠는가 하는 것이다. 이차세계대전 당시 미군은 일본인의 사회와 문화를 연구하기 위해 '일본인의 특질 연구'에 많은 노력을 기울였다. 그 대표적인 예가 '베네딕트'가 쓴 '국화와 칼'이다. 지피지기면 백전백승이라는 '손자병법'의 가르침을 철저하게 따른 것이다. 그렇다면 우리는 원전을 고유화하기 위해 '인간공학'관점에서 어떠한 노력을 기울이고 있는지 생각해 보자'.

사물을 보는 관점에서 동양인과 서양인은 크게 차이가 난다. 쉽게 표현해서 동양인은 사색적이고 감성적인 부분이 강하고, 서양인은 논리적이고 분석적이라 정의하자. 이럴 경우, 그 발전소를 짓고 운영하는 동양 사람들의 행동은 물론 차이가 날 것이다. 그렇다면 왜 우리 고유의 특성을 반영하지 못하는가? 이는 발전소 설계에 사용되는 '인간공학기술'의 개념과 정의가 서양식으로 되어 있기 때문이다. 남성과 여성의 반응은 또 어떠한가? 남성 일색인 발전소에서 최근의 여성 참여 경향은 무엇인가 변화를 요구하지 않는가? 나는 인간공학 전문가가 아니다. 하지만 동양과 서양, 남성과 여성의 상황에 대한 반응 정도가 다를 것이라는 것은 상식적으로 이해할 수 있다. 굳이 이성과 감성 영역으로 동서양을 구별하지 않더라도 동서양인의 행동양식이 서로 다르고 남녀의 그것이 다르다면 원자력발전소도 이에 대응해 설계되고 운영되어야 하지 않을까 생각해 본다.

2030년의 원전은 바로 군복에 사람을 맞추는 우격다짐이 아니라, 좋은 양복점에서 맞춰 입는 듯, 품에 딱 들어맞아 사람을 빛내 주는 기분 좋은 원전이 될 것이다.

## 5. 키신의 피아노

쇼팽 탄생 200주년을 기념하는 콘서트가 그의 고향 폴란드에서 열렸다. 바르샤바 필하모니가 반주를 하고 유명한 피아니스트인 관록의 '니콜라이 데미덴코'와 젊은 연주자 '이브게이 키신'이 나왔다. 두 사람의 연주 솜씨야 이루 말할 수 없이 훌륭하다. 녹턴을 연주하는 손가락에 내 가슴이 무너진다. 세상에 이처럼 가슴 저린 선율이 있다니. 쟁반에 구슬 굴리듯 높은 음의 건반을 희롱하는 '데미덴코'의 손가락에 홀려 비디오 속에 빠져 든다.

'데미덴코' 다음으로 등장한 젊은 연주가 '키신'의 연주는 넘치는 에너지를 피아니스트가 어떻게 제어하는지가 관람 포인트다. 내 경험 상 그렇다는 얘기다. 그의 손가락이 내는 힘은 무시무시하다. 피아노를 내려치는 그의 손가락 굵은 핏줄이 파르르 떨릴 때 듣는 이의 가슴에는 찌릿한 경련이 일고 콧잔등엔 찡하는 감동이 밀려온다. 역시 젊음의 힘은 대단하고도 위대하다. 데미덴코가 그랜드 피아노 건반의 터치를 최대한 제어하여 화성의 물결을 만든다면 '키신'은 강한 액션으로 현을 잡아먹듯 두들겨 거대한 파도를 몰아치게 한다.

'키신'의 연주를 가슴으로 느끼는 중에 최고의 피아노인 '스타인웨이 앤 손 Steinway and sons'의 제품이 견딜 수 있을까 하는 괜한 걱정이 든다. 하지만 피아노 걱정은 하지 않아도 된단다. 피아노 현이 견딜 수 있는 장력은 30톤이 넘는다니까. 소리는 또 어떠한가. '때때로 스타인웨이가 피아니스트보다 더 훌륭하게 연주한다'라고 고백하는 백건우와 같은 세계의 피아노 거장 대부분은 스타인웨이 피아노를 사랑한다. 연주 여행마다 자기의 피아노를 비행기에 싣고 다니는 이도 있을 정도다. 그렇다면 디지털 피아노가 시장을 장악한

이 시대에도 공산품인 피아노가 최고의 명성을 유지하는 비결은 무엇일까?

'키신'과 같은 연주자를 만난 피아노의 수명은 고작 15년 정도라고 한다. 작년 여름 발생한 서울 우면산 산사태 때 '예술의 전당'측에 있던 '스타인웨이' 피아노는 많은 피해를 입었다. 진흙과 물이 들이 차 건반이며 해머며 현까지 모두 망가진 피아노는 사용 불능으로 보였다. 그러나 이렇게 엉망이 된 연주용 피아노를 거의 새로 만드는 노력으로 고쳐낸 '예술의 전당' 측의 집념이 기사화 된 적이 있었다. 왜 이들은 고물이 다 된 피아노를 고치게 위해 노력했을까. 과연 진정한 명품이 무엇인가를 생각하게 한다. 우리가 흔히 말하는 명품의 기준은 무엇일까. 최고의 성능과 신뢰성을 동시에 만족하는 제품이 아닐까. 고물이 다된 제품도 고쳐 쓰게 하는 믿음 그것을 만들어 내는 사람의 손이 궁금해진다.

그렇다면 2030년 원전의 신뢰도는 어떻게 만들어 지는가?

현재까지 우리는 기술적 신뢰도를 우선시 해 왔다. 그러나 미래원전의 신뢰는 정서적 바탕 위에서 이뤄져야 한다. 내 어머니는 50년도 넘은 '에디슨 일렉트릭'의 전기다리미를 돌아가실 때 까지 사용했다. 더 날렵하고 스팀도 나오는 다리미가 있었지만 영 다림질 맛이 다르다는 말씀도 자주 하셨다. 애플의 팬들이 제품에 거는 기대와 무한한 신뢰는 고객의 정서까지 만족시키기에 가능한 것이다.

2030년 원전이 얻어야 할 신뢰다.

## 6. 파바로티와 도밍고

이태리 피자집 아저씨와 같이 넉넉한 모습의 '루치아노 파바로티'와 스페인 마초 이미지를 풍기는 '프라치도 도밍고'. 오래된 SP[90]에서 나오던, 음역이 좁은 대신 깊은 소리 맛을 주는 모노 음향의 파바로티 아저씨와는 다르게 LP 시절에 발매된 스테레오판에서도 5.1 입체음향을 가슴 깊이 느끼게 해주던 도밍고는 진정한 마초이즘의 대명사였다. 지금 이 글을 쓰는 내 방에는 도밍고의 음악이 가득 차 있다. 그가 부르는 '애니 송(Anni's Song)은 존 덴버가 부르던, 애니에게 애걸하는 남성의 모습이 아니라 내게 끌리면 다가오라고 뽐내는 쩌렁쩌렁한 음성을 가진 투우사의 호쾌한 모습이다. 도밍고의 LP나 CD가 있는 독자라면 지금 한번 틀어 보시길. 그가 얼마나 긴 호흡과 넓은 음역을 가졌는지 한 소절만 따라 해 보면 금세 이해할 수 있을 테니까.

파바로티를 좋아하는가? 아니면 도밍고를 좋아 하는가는 선호도의 차이다. 대학 다닐 때 들었던 도밍고의 호쾌한 소리는 가슴속 깊이 뭉쳐져 있던 응어리조차도 풀리게 할 만큼 강력한 것이었지만, 이제 인생의 중년에 들어서 듣는 파바로티는 처절하도록 시린 외로움조차도 곰삭게 하는 인생의 길잡이가 되었다. 그의 여린 듯 그러나 깊은 소리에서, 나는 위안과 인생의 희열을 느낀다.

성악의 경우 모노 음향이 스테레오 음향보다 더 깊이 있는 음악을 들려준다고 한다. 인간의 양측 귀의 고막을 서로 다른 깊이로 울리는 스테레오보다 항상 같은 깊이로 눌러주는 모노랄 음향이 더 깊고 섬세하게 인간에게 들리는 것은 왜 그럴까? 사람의 입이 하나이기

90) Short Play, LP 이전에 만들어진 78회전의 전축판

때문이다. 반주 음악이야 왼쪽, 가운데, 오른쪽에 악기들을 펼쳐 놓고 녹음을 하니 스테레오 음향이 모노럴로 재생하는 것보다 입체감이 살아나지만 사람의 목소리를 통해 나오는 음악인 성악은 하나의 채널로 녹음하는 것이 더 잘 정돈되고 깊이가 있다는 것이다. 이렇듯 인간의 감각이란 모노럴한 것과 스테레오적인 것의 혼합체다.

모노 음향을 모노로 들어야 하는 이유는 또 있다. 스테레오 보다 모노가 잡음에 강하기 때문이다. 상대방이 '가'라고 얘기 한 것을 '간'이라 알아 듣는다면 받침 'ㄴ'이 바로 잡음이 된다. FM 방송을 즐겨듣는 독자라면 수신기의 모드를 모노로 맞추면 잡음이 모두 없어진다는 것을 잘 알 것이다. 방송국에서는 스테레오 방송을 위해 좌우의 신호를 합한 것과 뺀 것을 동시에 전파에 실어 보내고 이를 분리하기 위해 파일럿 신호를 따로 보내는데, 이 과정에서 '지직'하는 잡음이 끼게 된다. 모노로 수신하면 이 잡음이 사라지게 되는 효과가 있다. 즉 인간의 입을 통해 나온 소리를 두 귀에서 모두 같은 음량과 소리로 듣게 하는 것이 바로 잡음을 없애는 것이다. 여기서 한 가지 의문이 든다. 과연 의사의 전달 문제는 모두 듣는 이의 귀와 뇌에 전적으로 달려있는 것인가 하는 것이다? 입에서 나오는 모노적인 말을 모두 모노적으로 받아들이고 있는가? 혹 모노 음성을 인간의 뇌는 스테레오 음성으로 부풀려 해석하고 있는 것은 아닌가? 만일 모노를 스테레오로 받아들이는 사람이 있다면 이 사람과는 어떻게 해야 올바른 의사전달이 가능할 수 있는가?

아리스토텔레스는 저서 '수사학[91]'에서 상대방을 설득하려면 3가지가 필요하다고 했다. 바로 로고스(logos), 파토스(pathos), 에토스(ethos)다. 결론적으로 얘기하면 소통은 바로 논리, 감성, 신뢰 등이

91) The Art of Rhetoric

복합된 결과라는 것이다. 논리의 영역인 로고스는 이성적 · 과학적인 내용을 가지고 상대방을 설득하는 것이다. 파토스는 로고스와 대치되는 개념으로 청중의 감성에 호소할 줄 알아야 상대방을 설득할 수 있다는 개념이다. 신뢰의 영역인 에토스는 화자의 평판이 좋아야 한다는 것을 의미하는 것으로서 상대방이 보기에 믿을 만한 사람이 이야기를 하면 그렇지 않은 경우에 비해 훨씬 신뢰감이 가서 설득이 잘 된다는 것이다. 왜 그럴까? 논리와 감성과 신뢰는, 빛의 삼원소인 빨강색, 초록색, 파랑색과 같이, 골고루 섞이면 모노톤이 되기 때문이다. 사람들은 빛을 있는 그대로 받아들인다. 나이가 들수록 원색의 유화보다 수묵 담채가 주는 담담함을 좋아하게 되는 것은 모노톤의 매력 때문이다.

2012년 가을 원자력학회 워크샵에서 '원자력 이해증진'에 대한 발표와 토론이 있었다. 이 자리에서 발표자와 청중들은 우리의 원자력 홍보가 이 논리, 감성, 신뢰를 모두 섞어 모노톤이 되게 하는데 실패했다는 것을 인정했다. 이제까지의 원자력 홍보란 결국 과학 기술자들의 생각을 논리적으로 표현하는 것에 불과했다. 물론 감성과 신뢰를 생각하지 않은 것은 아니다. 그러나 가장 간결한 언어로 믿음직한 내용을 담아 사람의 마음에 호소하는 힘 있는 표현을 찾는 것은 너무도 어렵다. 그렇다 할지라도 원자력을 모르는 국민들과 소통하기 위해서는 파바로티와 같이 영혼마저도 녹이는 모노톤의 소리를 내야 한다. 모노톤은 화려하지 않다. 다행인 것은 사람은 화려함에 속지 않는다는 사실이다. 그렇기에 진솔한 것, 날 것 그대로 우리의 진심을 보여주어야 한다. 그래야 공감을 얻을 수 있다. 이것이 바로 모노톤의 소통 방식이다.

## 7. 후쿠시마와 방파제

군대에 가서 봉체조를 해 본 사람은 알 것이다. 전주 기둥처럼 기다란 나무 기둥을 여러 사람이 한 조가 되어 어깨에 걸치고 앉았다 일어서기를 반복하는 이 훈련은 사실 훈련이라기보다 기합에 가깝다. 봉 체조에서 키가 제일 큰 사람은 대부분 맨 앞에 자리 잡고 키가 작은 사람은 맨 뒤에 선다. 이처럼 키 순서대로 배치하는 이유는 키 큰 사람의 손해를 최소화하기 위함이다.

그렇지만 중간의 누군가가 적당히 요령을 피우면 맨 앞의 키다리가 가장 큰 손해를 본다. 봉의 무게가 가장 많이 부담되기 때문이다. 요령 피우는 사람 때문에 피해를 보고, 요령 피운 사람 때문에 또 훈련이 반복되어 더욱 더 가중되는 하중. 이래저래 키다리에게는 공평하지 않은 훈련이다. 발전소 설계에서 구조물의 균형과 조화를 강조하는 것도 이와 같은 이유 때문이다. 전체적인 균형을 고려하지 않은 설계는 국부적인 스트레스를 한쪽에 심하게 가할 수 있고, 심각한 문제를 일으킬 수 있다. 이러한 문제는 발전소의 설계, 건설과 운영 프로세스에서도 생길 수 있다. 건설비를 최소화하여 발전소를 건설했다고 하자. 펌프를 한대 줄여 발전소를 건설하면 그 만큼 비용이 줄지만, 예비 펌프가 없는 발전소는 한대의 펌프가 정지되면 곧바로 전기를 생산할 수 없게 되므로 결국 전체적인 비용에서는 손해가 난다. 이렇듯 균형 잡힌 사고는 원전의 건설과 운영에 중요한 요소다.

우리나라 원자력발전소의 건설단가는 세계적인 경쟁력을 지녔다. 정치적인 고려와 재정적 조달의 부담만 완화시켰다면 우리나라의 원전은 세계 1위의 수출상품이 되고도 남았을 것이다. 그런데 여기에

한 가지 개선해야 할 문제가 있다. 발전소의 운영비가 전체 수명주기 비용에서 차지하는 비중이 경쟁국 보다 다소 높은 것이다. 이것은 아직도 우리 발전소가 개선할 수 있는 여력이 많다는 것을 의미한다. 초기 국산화 단계에서부터 참여 주체 별로 (또는 회사 별로) 참여 범위를 나눈 결과, 우리의 원자력산업은 막강한 오너 밑에 포진한 힘센 제작사와, 그 밖에 오너의 눈치를 보는, 그러나 핵심 기술을 보유한 참여 업체로 삼분되었다.

이 세 개의 조직으로 크게 나눈 결과를 지렛대의 원리에 적용해 보자. 막대를 받치고 있는 점 (받침점)을 설계, 정비, 제작에 참여하는 업체로 정의하고, 힘이 가해지는 점인 힘점을 오너인 한수원이라 가정하며, 물체에 힘이 전해주는 작용점(일점)을 원자력 발전소라고 하자. 원전이라는 거대 형상을 떠받치려면 받침점의 위치와 힘점에 가해지는 힘을 최적화해야 한다. 지레의 어느 부분을 괴어야 가장 큰 힘을 얻을 수 있는가는 아르키메데스가 충분한 길이의 지레를 큰 산에 받칠 수만 있다면 자신의 몸무게만으로도 지구를 들어 올릴 수 있다고 한 얘기와도 일치한다. 아르키메데스의 가정은 지구를 들어 올릴 수 있는 지레가 있는가에 달려있다. 하지만 우리에게 주어진 지레는 마음대로 늘일 수 있는 것이 아니다. 지레의 길이는 고정되어 있다. 그렇다면 받침의 위치를 조정하여 같은 힘점의 파워로도 큰 힘을 낼 수 있게 해야 한다.

현실에서는 어떤가. 국내 원전산업에서 한수원의 힘(힘점)은 너무도 막강하다. 도무지 받침점에 대한 존중이 없다. 받침점의 회사들을 업자로 생각하는 정서가 너무도 팽배해 있는 것이다. 다 같은 원자력 그룹사인데도 불구하고 업자로 대접받는 직원들의 감정이 어떨지는 곰곰이 새겨봐야 할 대목이다.

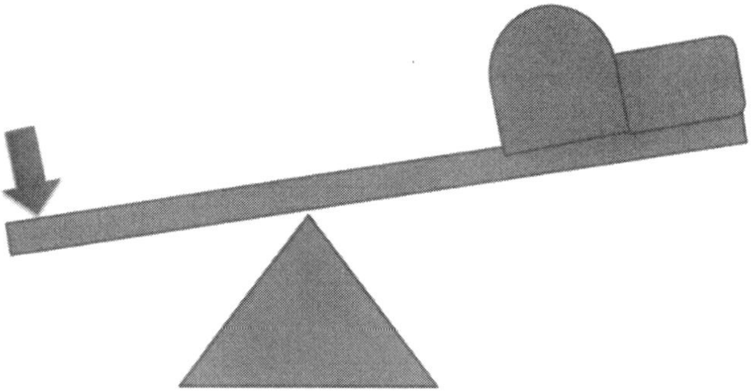

우리 사회의 '갑'과 '을'의 관계는 하루아침에 생긴 것은 물론 아니지만 새파란 젊은 한수원 직원이, 큰형이나 아저씨뻘의 계약사 직원들을 함부로 대하는 일부의 작태는 필히 고쳐져야 하는 것이다.

두 번째의 균형과 조화는 발전소 건설단계에서 소요되는 비용과 운영단계에서 소요되는 비용에서 찾을 수 있다. OECD-NEI의 발표에 따르면 원전의 총 비용을 건설비, 운영비, 연료비로 삼분하여 백분율로 표기하였을 때 우리나라 원전의 건설비용 비율은 경쟁국에 비해 낮았다. 그러나 운영단계 비용의 비율은 비교 대상국 원전보다 다소 높은 것으로 조사되었다.

문제는 명백히 파악되었다. 현재의 경쟁력을 더욱 갖추려면 운영단계를 고도화하는 것이 필요하다. 파악된 문제를 바탕으로 해결책을 제시해야 한다. 그렇지만 어떠한 해결책을 제시해야 하는지는 끝없는 고민을 요구한다.

우리나라에 원전이 도입 된지도 40년이 가까워 온다. 그럼에도 불구하고 원전운영은 대부분 미국이나 캐나다, 프랑스 등 원전을 도입한 나라의 기술기준과 운영절차를 따르고 있다. 이는 중간진입을 통해 기술자립을 이룩한 우리의 여건상 불가피한 일이었다. 물론 신고리 3, 4호기를 시작으로 몇몇 항목들에 대해 우리 나름대로의 개념과 인간공학이 적용되기는 했다. 하지만 이러한 변화조차도 미국의 규제요건과 발표기술을 버무린 것에 불과하였다. 그렇다면 어떻게 해야 우리 나름의 운영철학을 접목하여 전체 수명기간 동안의 비용을 최적화할 수 있을까?

나는 동양적 사유와 철학의 관점에서 우리의 원전을 생각해 보았다. 원전과 인간의 조화를 통해 운영을 편리하고 경제적으로 이루자는 것이다. 앞에서 살펴본 우리국민의 의식구조, 특성 등을 본격적으로 설계에 반영하는 작업이 이루어져야 한다고 생각한다. 또한 우리가 잘 해왔던 것을 찾아 이를 지식화 하는 작업도 병행해야 한다. 이와 함께 서구의 설계사상과 철학이 이 땅에서 어떠한 양식으로 고유화 되었는지도 철저히 밝혀야 한다. 이는 우리원전이 세계인들에게 기여할 수 있는 또 하나의 요소다. 각 국가별 맞춤형 운영체계를 구축하는 것 바로 이것이 우리의 원전이 가진 특성이 될 것이다. 세계 인구의 절반이 사는 한자 문화권과 불교 문화권, 이슬람 문화권의 사람들이 사물에 대해 어떠한 인식을 가지고 있고, 이에 대해 어떻게 반응하는지를 고려하지 않고는 좋은 발전소를 만들 수 없다. 동양인의 사물에 대한 인식체계와 서양인의 인식체계는 어떻게 다른가. 이에 대한 특화된 방법이 존재 하는가를 살피는 것도 게을리 할 수 없다. 본격적인 고도화는 이제부터다. 지식과 사유의 만남. 여기에서 출발해야 한다. 이는 안전문화와도 결부되니 결코 가벼이 여겨서는 안된다.

원전의 최적화와 관련한 논의에서 소위 '후쿠시마 대책'이라는 것을 짚고 넘어가지 않을 수 없다. 대부분의 대책에 고개가 갸웃거려지지만, 후쿠시마 원전 대책 중 필자의 머리로는 참으로 이해할 수 없는 한 가지가 있다. 고리원전 둘레를 10미터 이상의 방벽을 둘러 해일에 대비하고, 소내 전원계통을 선박과 같이 방수격벽으로 둘러싸겠다는 발상이다. 한수원의 어쩔 수 없는 속내를 물론 이해 못하는 것은 아니다. 이러한 심리적 대책은 비용이 소요되지 않는다면 해볼 만한 것이다. 하지만 이러한 후쿠시마 후속조치가 어마어마한 비용을 요구한다는 데 문제가 있다.

결론적으로 얘기하면 우리나라 원전지역에 후쿠시마와 같은 대형 해일이 올 가능성은 거의 없다. 역사적인 기록이 이를 말해준다. 그렇다면 후쿠시마 원전을 타산지석으로 한 대책은 합리적인 수준에서 결정하는 것이 일반적인 예다. 이것이 엔지니어링이다. 그런데 대중들은 우리는 진짜 안전한가라고 묻는다. 이런 대형 지진해일이 와도 아무런 문제가 없는가? 누구도 문제가 전혀 없다고 장담할 수는 없다. 그래서 방벽과 격벽을 세우기로 했다. 문제는 이러한 대책에는 천문학적인 비용이 든다. 왜 우리가 방벽과 방수격벽에 돈을 쏟아부어야 하는가? 프랑스의 마지노선은 국민들을 안심시키기 위한 물리적인 방벽이었지만 독일의 만슈타인 장군은 마지노선의 배후를 돌아 프랑스에 침공하는 '낫질' 작전을 성공시켰다. 알려진 대로 이 작전에서 마지노선은 아무 쓸모가 없었다.

생각을 바꿔보자. 물리적 방벽은 천문학적인 돈이 들지만 심리적 방벽은 돈을 들이지 않고도 세울 수 있다. 때론 심리적 방벽이 물리적 방벽보다 훨씬 강력하다. 행주산성에서 돌을 나르던 아낙들의 치마는 심리적 방벽을 견고하게 세우는데 큰 역할을 했다. 심리적 방벽을 세우는 것은 전적으로 리더의 몫이다. 왜 국민을 설득하지 못하는가? "우리나라에는 이런 지진해일이 도래한 역사가 없다, 내 직을 걸로 맹세할 수 있다." 이렇게 주장하는 리더가 왜 없는가? 이러한 리더는 때론 욕먹고 옷 벗을 각오도 해야 한다. 물리적 방벽을 세우는 것을 두려워하고 심리적 방벽을 세우는 것을 즐겨하는 리더는 때로 궁지에 몰리기도 한다. 그렇지만 그가 없으면 세상은 엉터리로 돌아간다. 합리가 이 세상을 지배하도록 하는 것. 그것이 리더다.

## 8. 위대함에 대한 자가진단

진 랜드럼이 개발한 다음의 설문을 여러분께 드린다. 자신이 위대한 사람인가에 대한 자가 진단 키트다. 각 항목별 특징에 대해 스스로 1에서 5까지 등급을 매기고 총점을 적기 바란다. 자신이 위대한 인물이 될 수 있을 것인가는 자기 평가 점수를 합한 값을 이용해 알 수 있다. 평가 방법은 설문 맨 마지막에 수록하였다.[92]

| 의사 소통 능력 평가 | 등급(1~5로표기) |
|---|---|
| 1. 풍부하고 유창한 어휘 능력 | |
| 2. 탁월한 자기 표현력 | |
| 3. 당신의 지도를 따르도록 다른 사람을 격려하는 능력 | |
| 4. 철학적 논리를 갖춘 대화 능력 | |
| 5. 논픽션 책을 탐독하는 성향 | |
| | |
| **세 계 관** | **등급(1~5로표기)** |
| 1. 항상 상황의 본질을 파악하려고 하고 큰 그림을 본다. | |
| 2. 수량적인 것 보다는 질적인 차원에 관심이 많다. | |
| 3. 호기심이 상당하다. | |
| 4. 결코 안전과 안정을 추구한 적이 없으며 기회와 가능성을 모색한다. | |
| 5. 대체로 사물에 대해 장기적인 관점을 가지려고 한다. | |
| **창 의 성** | **등급(1~5로표기)** |
| 1. 상상력이 풍부하다. | |
| 2. 다른 사람의 제안에 대해 주의력이 머무는 시간이 짧다. | |
| 3. 끊임없이 새로운 지식에 대한 뿌리 깊은 갈망이 있다. | |
| 4. 틀에 박힌 계산보다 추상적이고 사고력이 필요한 수학적 계산을 선호한다. | |
| 5. 관습에 얽매이기를 싫어한다. | |

| 라이프 스타일 | 등급(1~5로표기) |
|---|---|
| 1. 고난이도 위험을 감수한다. | |
| 2. 자발적인 모험을 즐긴다. | |
| 3. 상당히 지능적인 유희를 즐긴다. | |
| 4. 엉뚱하다는 말을 자주 듣는다. | |
| 5. 먹고, 말하고, 생각하는 속도가 빠르다. | |
| | |
| **자기에 대한 이미지** | **등급(1~5로표기)** |
| 1. 틀에 박힌 일상을 쉽게 지루해한다. | |
| 2. 독립적인 일을 선호한다. | |
| 3. 일의 결과를 예측할 수 없어도 마음이 편안하다. | |
| 4. 여러 가지 일을 동시다발적으로 하는 것을 즐긴다. | |
| 5. 새로운 일에 대한 자신의 능력을 믿는다. | |
| 6. 강한 자아의식-"내가"라는 말을 자주 쓴다. | |
| 7. 낙관적이고 긍정적인 사고가 몸에 배어 있다. | |
| 8. 새로운 모험을 단행할 때 확인하려는 욕구가 거의 없다. | |
| 9. 역동적인 환경에 대해 유연하다. | |
| 10. 논란이 될 만한 사안에 대해서 솔직한 답변을 한다. | |
| | |
| **비판적 사고** | **등급(1~5로표기)** |
| 1. 완벽하다는 말보다 남다르다는 말을 더 좋아한다. | |
| 2. 질문을 많이 한다. | |
| 3. 복잡한 일을 단순하게 줄여야 한다는 강박관념이 있다. | |
| 4. 사람들에게서 비슷한 점과 차이점을 탐색한다. | |

92) 진 랜드럼, 위대함에 이르는 8가지 열쇠, 들녘

| 5. 일렬로 정돈된 것과 무능력한 것을 참지 못한다. | |
|---|---|
| | |
| **자기 충족감** | **등급(1~5로표기)** |
| 1. 색다른 아이디어를 행동으로 옮길 때 다른 사람의 지원이 필요 없다. | |
| 2. 지나치게 성취 지향적이다. | |
| 3. 관심사가 다양하다. | |
| 4. 새로운 개념을 재빨리 파악한다. | |
| 5. 지시사항을 듣지 않고도 일을 빨리 끝낸다. | |

| **평가-위대함의 지수** | |
|---|---|
| 175~200 | 확실한 보장 |
| 150~174 | 좋은 기회를 노려라. 기회는 많다. |
| 120~149 | 가능성이 있다. |
| 120이하 | 인생을 즐겨라 |

내가 위대한 인물이든 아니든 이는 중요하지 않다. 내가 위대한 인물이 되고 싶은가가 중요할 뿐이다. 이 평가지수에서 120점 이하가 나와 '인생이나 즐겨라'는 평가를 받더라도 서운해 할 필요는 없다. 어차피 위대함에 이르는 인물은 많지 않으니까. 그러나 우리의 원자력발전은 위대해질 필요가 있다. 물론 고치고 발전시켜야 할 점들도 많다. 어떻게 우리의 원자력발전을 위대하게 만들 수 있을까? 우리 산업에 속한 모든 사람 개개인이 위대함을 위해 정진하는 것이 이를 달성하게 하는 길이 아닐까?

독특함과 차별성, 그리고 인간중심. 이것이 우리의 원전을 위대하게 하는 키 워드가 아닐까 조심스레 생각을 꺼낸다.

## 마치는 글
# 새로운 교육을 위한 도전

**나는 지금 연극무대에** 서 있다. 작년 가을 창립된 KINGS라는 극단에서 '리더십 프로페셔널'이라는 연극무대를 준비하고 있다. 주인공 역은 아니고 조연 중 한 명이다. 첫 번째 연극은 6막으로 진행된다. 단막극 6편을 2년간에 걸쳐 공연하므로 전체 내용을 이해하려면 2년 동안 연극을 보러 와야 한다.

연극 '리더십 프로페셔널'은 일정한 '스토리라인'을 가졌지만 연극의 디테일까지 지시하지는 않는다. 따라서 배우들의 임기응변적인 즉흥성도 무척 강조된다. 또 하나, 무대 역시 연극의 흐름에 따라 수시로 바뀐다. 디테일을 제시하지 않는다고 해서 연극이 무질서하게 진행되는 것은 아니다. 기존의 전통적인 연극 대본이 '기승전결'의 구조를 따르고 있다면, 이번 연극은 모든 배우들이 연극의 진행에 따라 바뀔 수 있는 모든 경우를 즉흥적으로 연기할 수 있을 때까지 연습에 연습을 가하는 것이 관건이기 때문이다.

즉흥극은 배우에게 어떤 대본이나 짜임 없이 순간적인 감각만으로 매우 복잡한 결정을 내리도록 요구한다. 즉흥극을 연기하는 배우를 긴장되게 하는 것은 임의적이고 무질서하게 보이는 것의 이면 때문이다. 이 장르의 연극을 처음 대하는 배우들은 모든 것이 즉흥적으로 이루어지는 것으로 생각한다. 그러나 즉흥극의 진실은 그것이 절대로 임의적이고 무질서 하지 않다는 데 있다. 그들은 매주 모여서 긴 시간 동안 연습을 하며, 공연이 끝날 때 마다 무대 뒤에 모여 서로의 연기를 냉정하게 비판한다. 그렇다면 왜 그토록 많은 연습을 할까. 즉흥극은 일련의 규칙이 적용되는 예술형식이며, 배우들은 자신이 무대에 섰을 때 무대 위의 모든 이들이 반드시 정해진 규칙을 따라 주기를 원하기 때문이다. 연극 '리더십 프로페셔널'은 막이 바뀔 때마다 좀 더 정확한 즉흥성을 가미하기 위해 무대 위치 자체를 바꾸기도 한다. 올해 공연하는 본 연극의 제 2막은 미국의 수도 워싱턴 DC에서 가까운 패어팩스에서 미국인 조연배우를 초청하여 영어로 진행하기도 했다.

자 이 공연의 특징은 무엇일까? 바로 공간성과 즉흥성이다. 그렇다면 즉흥성에서 가장 중요한 요소는 무엇일까? 바로 빠른 의사결정이다. 기존 연극에서 모든 의사결정이 연출가 한 사람에 의해 일어났다면 이 연극의 의사결정자는 참여자 모두다. 따라서 단역이든 주연이든 의사결정을 하도록 요구 받는다.

뜬금없이 즉흥극 얘기를 꺼낸 것은 우리가 추구하는 KINGS의 교육방향이 언젠가 부터 연극과 무척 유사하게 보였기 때문이다. 무언극, 역할극, 가면극, 그림자 극 등 정통적인 연극 장르에서 다양하게 변형되어 가는 연극형태 중에서도 KINGS의 교육철학이 즉흥극과 가장 닮아 있다고 느꼈기 때문이다. 무대 위에서 빠른 의사결정이 실시간적으로 이루어지지 않으면 관객의 야유를 받고 공연을 망치게 되는 즉흥극이라는 실험은 무척 위험해 보인다. 하지만 이 위험성이 KINGS를 있게 한 동력이었다. 기존 연극만 해서는 도저히 외국의 유명극단을 따라 갈 수 없다는 자각과 우리도 한번 일류가 되어 보자는 갈망 말이다. 비록 KINGS라는 극단 자체가 MIT 같은 최고의 학문적 지성을 길러내는 곳이 될 수는 없다 해도 세계 최초의 독창적인 과정을 시작하고 성공한 학교가 될 수 있을 것이라는 확신을 가지고 새로운 교육에 도전하는 것이다.

그렇다면 독창성과 즉흥성을 몸에 익히기 위한 방법은 무엇인가? 이는 다양한 일련의 규칙을 익히는 것에서부터 시작한다. 왜? 바로 문제를 정확히 인식하기 위해서이다. 비즈니스의 세계는 다양한 상대가 존재한다. 문제집에 있는 다양한 문제를 정해진 시간에 잘 풀어내는 일이 평소 잘 관리된 '매뉴얼'을 숙지하고 따라가는 범생이 같은 일이라면, KINGS 에서 교육받은 전문가들은 다른 사고체계를 갖기를 원한다.

후쿠시마와 같은 사고 앞에서도 당황하거나 위축되지 않고, 스스로 리더가 되어, 문제의 본질을 파악하고 최선의 대책을 낼 수 있는 힘을 갖춘 인재. 그것이 전세계 원자력발전 산업계가 진정 원하는 21세기의 인재상이다.[93)]

---

93) 말콤 글래드웰의 '블링크' 에서 아이디어를 얻어 이 글을 작성했다.

# 부 록

## 쿨 어반 (COOL URBAN)

**본 스토리는 2010년 10월, 한국원자력문화재단이 주최한 원자력스토리텔링 공모전에서 최우수상을 수상한 필자의 작품이다. 원자력발전소에서 생산한 전기에너지를 이용하여 사막도시 전체를 시원한 환경으로 만든다는 계획 쿨 어반(Cool Urban)이 언젠가는 실현될 줄로 믿는다.**

본 스토리는 중동의 한 나라에서 리튬이 다량 함유된 모래가 발견되면서 시작된다. 사막의 모래를 판매하여 엄청난 부를 거머쥐게 된 이 나라는 도시지역 전체를 돔 형태로 씌우고 냉방을 통해 쾌적함을 유지시키는 쿨 어반 프로그램을 가동한다. 그 결과 도시의 열이 사막으로 유입되면서 유목민의 생활 터전은 점점 더 황폐하게 되고 불만이 고조되는 가운데, 신 알카에다 세력이 그 틈을 파고들어 세력을 확장한다. 그들은 냉방용 전기를 공급하는 원자력발전소를 공격하여 쿨 어반 프로그램이 더 이상 확장되지 못하도록 하는 명분을 내세우고 있으나, 속셈은 단 한 가지. 바로 리튬이 함유된 규산염 모래를 독차지 하는 것.

## 1. 프롤로그

2020년. 석유자원의 고갈로 인해 경제파탄에 이르게 된 중동의 이 나라에 “알라”의 새로운 축복이 내린다.

볼리비아의 ‘우유니’ 소금사막과 같은 곳에서만 발견되던 연료전지의 핵심 소재인 ‘리튬’이 북부 사막지역의 규산염 모래에 다량 함유

되고 있는 것으로 밝혀진 것이다.

소금사막에서 조금씩 얻던 귀한 리튬이 사막의 모래에서 대량 생산됨에 따라 2차전지의 값이 싸지면서 기존의 화석에너지는 더 이상 사용되지 않게 된다. 거리에는 전기자동차, 하늘에는 전기비행기, 바다에는 전기추진 선박이 운항하는 바야흐로 일렉토피아(electopia)의 세상이 전 세계에 도래한다.

하지만 기쁨도 잠시. 리튬을 따라 세계의 거대자본이 몰려들어 새로운 엘도라도의 지배자가 되려고 하면서 사막에 사는 유목민과의 기나긴 다툼이 시작된다.

한편, 규산염 모래 판매를 통해 막대한 부를 얻게 된 이 나라의 도시인들에게 좀 더 편한 세상에 살고 싶어 하는 강한 욕구가 생긴다. 경제적으로 풍요로워진 이때, 많은 사람들은 쾌적한 환경에서 편안한 삶을 이루어 가기를 바라게 된다. 파리지엔이나 뉴요커와 같은 도시 멋쟁이들의 삶을 동경하는 젊은이들이 늘어나고, 물질문명의 혜택을 받고 자란 세대가 기성세대에 편입되면서 새로운 삶에 대한 열망이 커진다.

그들은 끊임없이 질문한다. 왜 우리는 이 더운 열대의 삶을 당연한 것으로 받아들이는가? 더 나은 삶의 방식은 없는가. 수많은 고민 끝에 얻은 결론은 바로 열대의 나라를 시원한 나라로 바꾸는 전략. 열대의 도시 지역 전체를 투명한 돔 형태의 지붕으로 덮고, 에어컨을 이용해 언제나 쾌적한 생활이 가능하도록 냉방을 조절하는 쿨 어반(Cool Urban) 프로그램이 그것이다.

## 2. 쿨 어반을 위한 조건

쿨 어반 프로그램을 실현하기 위한 전기 에너지 공급 대책이 논의된 끝에 태양열 에너지를 이용하는 발전 방식이 가장 적합한 것으로 조사되었다.

태양열 발전 방식으로는, 컴퓨터로 좌표가 조절되는 태양발전 패널을 사막에 설치하여 전기를 얻는 방식과, 거울에 비쳐진 태양광을 중앙의 타워로 집적시켜 마치 볼록거울에 모아진 태양열을 이용해 종이를 태우듯 고열로 물을 끓여 터빈을 돌리는 태양 미러 발전 방식이 선정되었다.

이 방법들은 친환경적이고도 초기 투자비가 적게 들 뿐만 아니라 유지와 보수에 소요되는 비용 또한 저렴한 최선의 방법으로 여겨졌다. 특히 사막지역에 쏟아지는 무한정의 태양열은 무한정의 전기를 공급할 수 있는 것처럼 홍보되었다.

사업자가 기금을 조성하여 투자하고, 전기를 판매하여 얻는 수익을 가져가는 방식이 이 나라 중앙정부에 의해 제안되고, 국제입찰을 통해 미국과 프랑스가 사업권을 따냈다. 특히 프랑스는 데저텍(Desertec, Desert +Technology) 계획을 가동하여 아프리카와 아랍 연안에 태양광 발전설비를 짓고 유럽 전역에 전기를 공급하는 계획을 가동시켰다.

약 100조원의 프로젝트 파이넨싱 방식의 펀드가 조성되고 1조원 규모의 파이롯트 프로젝트가 개시되었다. 사막 곳곳에는 태양광 발전 패널과 집적설비가 세워지기 시작했지만 이 방식이 최선이 아니라는 것을 인식하는 데는 그리 오랜 시간이 걸리지 않았다.

그 원인은 바로, 사막에 부는 사막의 모래바람 때문.

모래바람은 하루 두세 시간 동안 동쪽으로부터 불어와 태양열 집적판과 태양전지 패널에 수북이 모래를 쌓아 놓고는 사라졌다. 문제는 패널에 쌓인 모래를 제거하기 위해서는 사막에서 가장 부족한 물이 필요하다는 것에 있었다.

원자력발전소 1기에 해당하는 전기를 생산하는 태양광 발전패널과 집적거울의 모래먼지를 닦아내는데 1주당 약 2백만 리터의 물이 사용되었다. 도시민 오천여명의 인구가 하루 동안 사용할 수 있는 양의 물이다. 사막의 유목민들이 사용한다면 한 달 이상을 쓸 수 있다.

또 하나의 문제점은 일 년간 시험 평가 기간 동안 태양광 설비의 이용률이 약 10% 밖에는 되지 않았다는 것이다. 하루 24시간 중 태양광을 통해 전기를 얻을 수 있는 시간은 고작 2.4시간 뿐. 따라서 나머지 시간은 리튬이온 배터리를 이용한 충전설비를 통해 전기를 얻을 수밖에 없었다.

사막의 태양을 이용하는 발전 방식은 결국 실패하였다. 그러나 쿨 어반 프로그램은 계속되어 도시의 전기 수요는 급격이 증가하였다.

쿨 어반 프로그램에 의해 도심 전체는 항상 25도로 유지된다. 도심과 부도심을 잇는 주요 간선도로와 기간망은 지하로 연결되어 외부 기온의 유입을 통한 온도의 변화를 차단하고 있다.

비록 쿨 어반에 사용되는 냉방 설비의 효율이 세계 최고이기는 하지만 수도의 도심지역에서 시범 실시되는 이 프로그램을 뒷받침하기 위해 원전 10기에서 생산하는 전기가 사용되고 있다.

지난 시절 우리나라를 비롯해 미국, 러시아, 프랑스, 그리고 중국은 이 나라의 원전시장을 차지하기 위한 치열한 원전 수출 전쟁을 치렀고, 이 전쟁은 현재도 진행 중이다. 정치 외교적 협상과, 군사무기 제공 등을 미끼로 유혹하는 각국의 판매 공세로 인해 이 나라의 원전은 가히 원자로의 종합전시장과 같이 변화하고 있다.

이 나라의 수도 일원에서 시범 실시되던 쿨 어반 프로그램이 수도 외곽지역으로 확대되면서 전기 수요는 더욱 급격이 늘어났다. 수도 전체만을 쿨 어반화 하기 위해 약 100기 이상의 원전이 필요하다는 전망이 설득력을 얻고 있는 가운데 오늘도 원전 수주전쟁의 소리 없는 총성은 울려 퍼지고 있다.

## 3. 사막의 유목민

쿨 어반 프로그램으로 수도의 도심에 거주하는 사람들은 쾌적한 생활이 가능해 진 반면 여기서 발생하는 열은 도심 외곽으로 방출되어 사막 지역의 온도를 높이는 결과를 가져왔다. 사막으로 뿜어져 나오는 에어컨 냉방기의 뜨거운 공기는 오아시스의 수목들을 말라죽게 하고 지구의 온난화로 가뜩이나 줄고 있는 오아시스의 생명줄인 물을 급격히 감소시키고 있다.

과거 사막의 저승사자라고 불리던 신비의 부족들에게는 세 가지금기어가 있었다고 한다. “덥거나 춥다고 말하지 말라. 배고프다고 말하지 말라. 힘들다고 말라.” 이들에게 더위와 추위, 배고픔, 고통은 인생의 동반자일 뿐...

하지만 이러한 생활방식을 2020년 사막의 부족들에게 적용하기는 어려운 노릇.

사막의 촌락은 도시로 진출하는 젊은 층이 빠른 속도로 빠져 나가면서 더 이상 아기의 울음소리가 들리지 않는 곳으로 변했고, 장년층과 노년층이 절대 다수를 차지하는 낙후된 곳으로 더욱 퇴락해 갔다.

이와 함께, 사막의 부족들에게 규산염 모래의 채굴에 대한 대가가 지급되면서 또 하나의 분쟁이 생기기 시작했다. 바로 모래의 채굴 대가를 받지 못한 지역에서 터져 나온 불만이었다.

그 결과, 모래 채굴로 인한 수익을 독점하는 부유한 사막부족을, 채굴권이 없는 가난한 부족이 공격하는 비참한 사태도 일어났다. 그 결과 부유한 사막부족은 외부로부터 용병을 끌어들였다.

이 용병은 바로 그 악명 높은 알카에다의 후손들이었다.

과거 중동지역의 강력한 테러 집단이었던 알카에다 집단은 20세기말과 21세기 초 다국적군과 벌인 전투에서 이미 그 기반을 상실했다. ‘오사마 빈 라덴의 환생’이라고도 불리는 ‘후세인 빈 라덴’ 일당은 아프카니스탄과 파키스탄 산악지대에서 끈질기게 살아남아 신 알카에다를 조직하고 유목민의 용병세력이 되어 하루하루를 버텨나가고 있는 것처럼 보였다. 따라서 이 나라 중앙 정부도 그들의 유입에 별다른 주의를 기울이지 않았다. 그들의 피 속에는 전투본능이 생생하게 잠재하고 있으며 결코 순한 양으로 변한 것은 아니라는 것을 눈치 챈 사람은 거의 없었다.

### 2025년 初

신 알카에다의 지도자인 "후세인 빈 라덴"은 쿨 어반 프로그램에 반대하는 가난한 지역 유목민을 포섭하여 사막지역의 지배력을 강화하려는 속셈을 서서히 드러냈다. 용병 세력이 커지자 신 알카에다는 점차 가난한 유목민을 부하로 대규모의 군사조직을 구성하고는 리튬이 다량 함유된 규산염모래의 채굴권을 가진 부유한 부족으로부터 보호비 명목으로 자금을 뜯어내기 시작했다. 그리고는 부유한 유목민들과 연합체를 구성했다.

자신이 파견한 용병조직과 부족장들과의 연합을 통해 신 알카에다가 노리는 목표는 단 한 가지. 강력한 군사조직을 기반으로 규산염모래를 차지하는 것 이었다. 하지만 이러한 그들의 속셈은 아직 드러나지 않았다.

리튬을 다량 포함한 규산염 모래는 이제 황금이자 사막의 생존을 위협하는 또 다른 석유 자원이 되었다.

## 4. 신 알카에다의 활동개시

### 2029년 3월 1일.

사막의 기온이 50도에 이르는 한 여름의 열사 속에서 신 알카에다 지도부는 세계가 놀랄 만한 뉴스를 만들어 냈다. 그들은 사막의 생존을 위협하는 쿨 어반 프로그램이 더 이상 확산되지 않도록 저항할 것을 알자지라 통신을 통해 공식 선언했다.

그들의 최초 공격 목표는 사막의 일부 지역에 설치된 풍력발전 설비.

태양광 발전방식이 별다른 효과를 갖지 못하는 것으로 판명된 후, 풍력발전을 위주로 한 기술이 도입되었다. 사막에 언제든 불어오는 바람을 이용하여 발전을 한다는 것. 하지만 유지보수에 너무 많은 비용이 드는 것으로 판명되어 널리 실용화 되지는 못했었다. 특히 오아시스 인근에 설치된 풍력발전용 바람개비에서 발생하는 엄청난 소음은 유목민의 염소와 양의 생육을 저하시켜 가뜩이나 배고픈 유목민을 주리게 하였다.

병력을 무장시키기 위한 엄청난 무기를 이란 등의 제 3국을 통해 구매한 신 알카에다는 한 밤중을 이용하여 오아시스 주변에 설치된 모든 풍력 발전 탑을 폭파시켜 버렸다. 양의 탈을 벗어버린 신 알카에다에게 전기를 생산하는 시설이란 이제 폭파의 대상이 될 뿐이었다.

## 5. 공격당하는 원자력발전소

풍력 발전설비를 파괴한 신 알카에다는 알 자지라 통신을 이용해 또 다른 성명을 발표했다.

"매판 자본가와 더러운 외국 자본주의자들의 담합으로 우리나라는 더럽혀 졌다. 이 나라를 원래의 깨끗한 상태로 돌이키는 것이 바로 지하드가 아니고 무엇이겠는가! 우리는 이 땅에 더 이상의 원자력발전소가 도입되는 것을 원치 않는다. 원자력발전소 노형별로 한 곳씩 파괴하여 원자력의 위험성을 널리 알리겠다."

대한민국을 비롯한 각국에는 비상 상태가 선포되고 최신의 무인경비 시스템과 특공여단이 파견되어 발전소 내, 외부에 대한 경계를 강화하기 시작하였다.

원전을 공격하기로 결정한 신 알카에다 지도부는 원전의 계약 상태에 주목했다. 이 나라 정부와 원전 공급자 사이의 계약서에는, 원전이 가동 불능상태에 이르고 재기동이 불가능하다면 원전 운영자는 자신의 비용으로 즉시 폐로를 하고, 부지를 원상 복구시켜 정부에 반환해야 한다고 명시하고 있다.

이러한 조항은 원전 공급국 간의 경쟁이 치열해지고, 원전의 건설과 운전, 그리고 폐로까지의 모든 과정을 외국 자본이 책임지는 일괄 운영방식이 일반화되면서 삽입된 새로운 조항이었다. 원전의 운영자는 전기 판매를 통해 수익을 얻는 프로젝트 파이넨싱 방식으로 원전을 건설하였으므로 정해진 수명 이전에 원전의 운영이 중단된다면 재정적인 피해는 엄청날 것이 뻔 했다.

과거 무차별적인 무장공격과 사제폭탄, 그리고 자살특공대로 악명이 높았던 알카에다의 후예는 원전을 공격하기 위한 새로운 무기를 선택했다. 각국의 강화된 원전 보호대책은 외부에서의 물리적인 공격이 거의 불가능했다. 그들은 "지능적인 내부 사보타지"라는 새로운 무기를 사용하기로 결정하고 원전에 근무하는 지역 주민을 포섭하기 시작했다. 2010년대 연구된 사이버공격 대책 중에서도 가장 머리가 아픈 문제는 바로 내부 인력의 사보타지. 아무리 3중, 4중의 안전을 위한 대책을 마련한 원전이라 할지라도 원전의 특성을 너무도 잘 아는 내부 종사자가 벌이는 공격에는 취약하게 마련.

이 내부 사보타지에 대비해, 각국은 다양한 대책을 마련하였다. 각국이 마련한 대책의 상세한 내용은 기밀로 분류되어 아직 알려지지 않고 있다. 보안을 철저히 유지하기는 우수한 IT 인프라 기술을 발전시켜 원전을 완전 무인화한 대한민국의 경우에도 마찬가지였다.

## 2029년 5월 9일 러시아 원전

원전 운전을 완전 자동화하고, 자국에서 파견된 첨단 무인경비 설비와 특수여단에 의해 외각 경비를 담당하도록 했던 러시아 VVVR+형 원자력발전소가 복구가 불능하도록 파괴되었다는 소식이 전해졌다. 신 알카에다는 원전에 근무하는 지역 주민을 포섭하여 비상시 노심을 냉각하는 계통 밸브를 차단하도록 하고, 비상운전 시컨스를 담당하는 컴퓨터를 파괴하여 핵연료가 과열로 인해 녹아내리도록 획책하였다.

발전소 상황감시 컴퓨터가 내부 사보타지를 인식하고 경찰특공대 파견을 요청했지만 그들이 본 것은 발전소의 완전 폐쇄경보음과 껌뻑이는 램프 뿐.

내부 사보타지를 일으킨 종사자는 현장에서 체포되었다.

사고현장에 도착한 IAEA 전문가들은 3.5세대 원전기술을 적용한 러시아 원전에서 일부 핵연료 용융현상이 발생하였으나 노심이 완전히 녹아내리는 현상은 자동 차단되었다고 발표했다. 중력에 의해 방출되는 비상냉각수 설비와 재순환 설비가 노심이 완전히 용융되는 것을 차단하여 치명적인 핵연료 누출사고를 피해갈 수 있도록 했던 것이다.

비록 치명적인 핵연료 누출사고는 피할 수 있었으나 원전은 다시는 재가동 될 수 없는 불능상태에 빠지고 말았다.

각국 원자력발전소에 팽팽한 긴장감이 감도는 가운데 과연 누가 다음번 공격의 대상이 될 것인지에 대해 촉각을 곤두세웠다. 각국은 이 나라 중앙정부에게 테러와의 전쟁을 선포하고 신 알카에다 병력과 지도부를 색출할 것을 요청했다. 하지만 사막 유목민 부족들이 조직적으로 보호하고 있는 알카에다를 색출하는 것은 현실적으로 불가능했다. 누가 알카에다인지 어떻게 식별하겠는가...

## 2029년 10월 1일 중국 원전.

신 알카에다는 중국 원전을 지키는 유목민 출신의 내부 경비병력 중 한명을 포섭하였다. 그들은 또한 CAP+형 원전을 설계하는 회사의 전산망을 해킹하여 발전소 구조도를 다운로드 하였다. 발전소 내부 도면을 입수한 열 명의 신 알카에다 침투조는 알라의 요술방망이라 불리는 구형의 RPG-7 로켓과 불펍식 소총만으로 그들의 프락치가 인도하는 취약한 외곽경비 통로를 따라, 경비 병력을 손쉽게 제압하고 내부로 침투했다. 발전소 내부로 침입한 이후 물리적 저항은 거의 없었으므로 주제어실과 보조건물, 그리고 터빈 건물에 폭약을 설치하여 설비를 완전히 잿더미로 만들고는 유유히 사라졌다.

천만 다행인 것은 신알카에다 무장세력이 격납건물을 침투할 수는 없었다는 점이다. 강화된 규제지침에 의해 운전중 격납용기는 삼중 차단이 실시되고 있고, 엄중히 원격 감시되고 있었기 때문이다. 이로써 중국이 제공한 원전 역시 완전히 복구 불능에 빠지고 말았다.

러시아와 중국이 운영하고 있는 원전이 차례로 공격을 받았다는 소식은 기타 원전 운영자 들을 초긴장 상태에 빠지게 하기에 충분한 것이었다.

미국은 만일의 사태에 대비한 비상계획을 발령하고 걸프만에 있는 항모로부터 발진한 무인정찰기와 무인 전투기를 이용하여 24시간 감시와 경비태세를 최고수준으로 올렸다.

대한민국이 운영하는 원전 역시 미국과 공조체계를 유지하면서 스스로의 무장 경비체제를 강화하고 있었다. 하지만 한국의 원전은 미국과는 다른 특징이 있었다. 바로 디지털 원전이라는 것.

## 2029년 12월 1일 저녁 9시.

신 알카에다 무장 침투원이 미국 원전 부지에 접근하고 있다는 센서경보가 발령된 후, 무인 무장헬기와 침투 무장병력 사이에 교전이 벌어졌다. 무장괴한이 소지한 견착식 미사일에 명중된 무장헬기가 추락 했지만 뒤 따르던 무인공격기에서 발사된 머신건과 헬파이어 미사일은 괴한 모두를 저 세상으로 옮겨놓았다.

발전소 외부에서 사람과 기계간 치열한 교전이 벌어지고 있는 사이, 미국 원전에서는 비상사태가 발생했다. 발전소가 소외 전원계통의 주파수 불안정으로 불시 정지한 것이다. 하지만 실제 계통 전원의 주파수는 안정되어 있었다. 누군가 고의로 냉각재 펌프의 주파수

계전기를 오작동 되도록 한 것. 원자로에서 생산된 열을 증기로 바꾸기 위해 원자로의 물을 순환시키는 이 펌프는 전원의 주파수가 낮아지면 원자로를 자동정지 시킨다. 물이 순환되지 않아 원자로가 과열되는 것을 방지하기 위해서다.

운전원들과 무인 에이전트가 허둥지둥 원인을 파악하고 있는 사이, 원자로에는 비상안전주입이 자동으로 실시되었다. 안전주입은 원자로가 과열되는 것을 방지하기 위해 붕소수와 물을 강제로 원자로에 퍼붓는 것이다. 운전원들은 안전주입 작동이 정상적이 아니라고 판단하고 이를 차단했지만 원자로계통 일부에 심각한 오염이 발생하고 재료 부식을 일으켜 장기간 운전 불능상태에 빠지고 말았다.

현장 조사결과 이번 사고는 모두 전원계통에 설치된 디지털계전기에 침투한 사이버 테러에 의해 이루어진 것으로 밝혀졌다. 냉각재 펌프에 전원을 공급하는 전원 차단기와, 능동안전주입계통의 배전반 모두에서 외부의 사이버 공격이 있었던 흔적이 발견되었다. 전기실에 설치된 CCTV 기록과 음성, 물체이식 시스템 모두, 전기실 내에는 사람의 침투 흔적이 없는 것으로 밝혀졌다. 귀신같은 녀석들...

신 알카에다에 의한 원전 공격이 연속적으로 발생하고, 공격받은 원전들이 복구 불능에 빠지자, 이 나라의 중앙 정부와 국민들 사이에 원전사고로 인한 두려움과 공포가 거세게 일어났다. 특히 쿨 어반이 가능할 수 있을 것인가에 대한 걱정과 두려움이 일어나기 시작했다.

신 알카에다는 알자지라 통신을 통해 이 나라 정부의 쿨 어반 프로그램의 확장을 중지시킬 것과 규산염 모래의 채굴권을 보장할 것을 요구하고, 이 요구가 받아들여지지 않는다면 나머지 모든 원전을 복구가 불가능 하도록 파괴하겠다고 위협했다. 바야흐로 그들이 마각을 들어내는 순간이었다.

아직 전체 10기의 원전 가운데 7기의 원전이 남아있지만 신 알카에다에 의한 프랑스와 한국 원전 공격이 이루어진다면 이 나라 중앙정부로서도 협상을 피해나갈 도리가 없을 것이다. 테러집단과의 협상은 이 나라에 대한 국제사회의 무시무시한 압력과 내정간섭의 빌미를 제공할 것이 틀림없었다.

그야말로 진퇴양난의 선택이 기다리고 있었다.

프랑스 원전에 대한 신 알카에다의 공격이 예고된 가운데, 생쇼망 프랑스 총리는 급히 내각회의를 소집하고 아프리카에 주둔중인 외인부대에게 외각 경비를 명령하고, 지상과 해상에서 입체적인 경비작전을 펼치도록 주문했다.

이에 따라 걸프만으로 이동 배치된 신형 사를마뉴 항공모함에서 발진한 무인정찰기와 무장공격기가 24시간 원전 20마일 이내를 지키고, 바다에는 초고속 경비함 3척이 발전소 입구를 봉쇄하고 있었다. 자동 미사일과 보병전투차량으로 무장한 외인부대는 발전소 외곽을 2중, 3중으로 철통같이 방위하고 있었다. 가히 물 샐 틈 없는 경비태세였다.

## 2029년 12월 25일.

사막의 하늘이 붉게 물들어가는 시각.

바닷가에서 놀던 어린아이는 신기한 장난감 하나를 주어 올렸다.

손가락만한 물고기 모양의 로봇이었다. 로봇은 등지느러미와 꼬리지느러미를 유연하게 흔들어대면서 입에서는 보골보골 소리를 내고 있었다.

같은 시각, 프랑스 원전의 터빈이 정지되고 이어, 원자로가 정지되었다. 바로 터빈 냉각수 유입이 차단된 것이다. 걸프만에 사는 물고기 떼가 발전소로 돌진하면서 터빈 냉각수를 공급하는 인테이크를 막아버렸다. 나중에 밝혀진 사실이지만 로봇 물고기는 보골보골 소리로서 걸프만의 물고기 떼를 원전으로 이끌었다. 물고기의 공격은 무서웠다. 특히 로봇 물고기는 복수기 튜브로 들어가 튜브의 거의 대부분을 손상시켰다.

재앙은 여기서 끝나지 않았다. 복수기 튜브가 파손되면서 바닷물이 터빈 내부로 유입되자 뜨거운 증기와 바닷물이 반응하여 폭발력을 이기지 못한 터빈은 건물 외부로 날아가 버렸다.

하지만 또 하나의 재앙이 기다리고 있을 줄은 아무도 예상하지 못했다. 로봇 물고기가 내는 보골보골 소리는 강한 전자파로 바뀌어 발전소 전체의 제어전원을 마음대로 조작하였다. 이로 인해 주요한 계통의 계측제어 설비가 치명적인 고장을 일으켰고, 발전소는 장기간 운전 불능에 빠지게 되었다. 주요 언론들은 프랑스 원전의 복구는 빨라야 이년 반 이상이 걸린다고 보도하였다.

## 6. 대한민국 원전의 테러 대응

알카에다가 선언한 마지막 공격 대상은 한국원전.

전세계 언론은 특파원을 파견하여 대한민국 원전의 동태를 실시간으로 중계하고 있었다. 과연 대한민국의 원전은 테러의 위협에서도 안전하게 운영될 수 있을까? IT 기술로 첨단화한 한국의 디지털 원전이라 할지라도 과연 실제와 사이버 공격 모두를 막아낼 수 있을 것인가. 전 세계인은 컴퓨터 게임과도 같은 이 상황을 걱정스럽게 또한 흥미있게 지켜보고 있었다.

알카에다의 대한민국에 대한 공격은 핵연료 운반선에 먼저 가해졌다. 핵연료의 안전한 재처리 기술인 파이로프로세싱 기술을 이용하여 걸프만에서 생산되어 원전으로 이송 중이던 핵연료를 파괴하여 방사선을 외부로 누출시키려는 무력시위는 현지에 파견된 대한민국 해병대와 특전사의 강력한 저지로 쉽게 제압되었다.

### 2030년 1월 1일 오전 8시.

모두가 새해를 축하하고 건강을 기원하는 이 날, 한국 원전 1호기의 무인운전 시스템 감독자인 아마드 븐 압둘 씨는 자신의 전기 승용차로 출근하고 있었다.

주택단지를 지나 곧게 뻗은 고속도로로 진입하던 압둘씨의 눈앞에 대형 트럭이 도로를 막고 있는 것이 보였다. 급히 차를 멈춘 압둘씨는 여러 차례 클랙션을 울렸으나 트럭은 움직일 줄 몰랐다.

잠시 후, 차에서 내린 압둘씨는 트럭에 다가가 차 문을 두드렸다.

트럭 운전사가 문을 여는 그 때, 괴한 일당이 압둘씨를 트럭에 밀어 넣고는 어디론가 사라졌다.

압둘씨가 다시 원전에 나타난 것은 한 시간 후인 오전 9시. 평상시 보다 이십분 늦게 출근한 압둘 씨는 서둘러 엘리베이터를 타고 주제어실이 있는 보조건물로 접근했다. 이미 지문과 홍채인식기를 이용하여 정문 출입통제구역을 통과한 그는 이제 보조건물 입구에서 다시 한 번 홍채인식기에 눈을 가져다 대었다. "쉽게 통과할 꺼야. 정문에서도 별일 없었는데 여기서 무슨 문제가 있으려고." 그는 독백처럼 뇌까리면서 문이 열리기를 기다렸다.

잠시 후 주제어실 출입문이 열리는 대신 목소리 경보가 발생했다.

"압둘씨. 당신은 주제어실에 출입할 수 없습니다. 오늘 근무는 불가능 합니다." 순식간에 압둘씨는 순시 로봇에 둘러싸여 다시 발전소 정문 경비구역에 인도되고, 정문을 지키는 특수부대 보안 장교의 심문을 받았다.

심문결과, 출입이 거절된 이 사람은 압둘씨를 가장한 신 알카에다 소속의 자이드 븐 이산으로 밝혀졌다. 그는 무인 시스템으로 운영되는 대한민국 원전의 주제어실을 침입하여 원전을 불능상태에 빠뜨리려 했던 것으로 밝혀졌다.

세계는 이 사건을 톱 뉴스로 타전했고, 디지털 원전의 대명사, 대한민국 원전의 철통방어 태세를 높이 평가했다.

프랑스의 르 휘가로지는 대한민국 원전 특집을 마련하기도 했는데,

## 부록 쿨 어반(COOL URBAN)

다음 기사는 1월 3일 일요일판 특집 기사에서 발췌한 것이다.

'대한민국 원전은 3.5세대 원전 중 가장 진보된 시스템으로 구성되어 있다. 이번 신 알카에다의 공격은 정밀한 홍채 패턴인식기를 채택한 디지털 원전 기술에 의해 사전 발각되었다. 고속도로 상에서 납치된 원전 근무자 압둘씨는 자신의 집에서 그리 멀지않은 사막지구에서 변사체로 발견되었다. 경찰은 지문과 홍채부분이 훼손된 압둘씨의 사체를 발견하였으며, 이는 대한민국 원전을 공격하기 위한 페이스 오프 기술과 지문 및 홍채 패턴인식기만 기술에 활용된 것으로 판단하고 있다.'

범인 일당은 압둘씨의 얼굴 형상을 인공가면을 이용하여 제작하고 사체에서 채취한 지문과 홍채를 손가락과 안구에 정밀 접착하여 정문 인식기를 통과한 것으로 밝혀졌다. 하지만 범인은 보조건물 입구에 설치된 홍채 패턴 인식기와 연동된 출입시스템을 통과하지 못했다. 이 패턴 인식기가 압둘씨가 극도의 공포상태에 있음을 탐지한 것이다.

홍채 패턴은 인체의 건강상태를 나타내는 간접 진단법으로 러시아와 같은 나라에서 이용되어 왔다. 한국의 디지털 원전 출입통제 시스템은 이 진단법을 통해 무인 시스템 감독자의 상태를 진단하여 과도한 스트레스, 음주, 건강악화 등을 사전에 파악하고 일정 기준이하인 인력은 원전에 출입이 되지 않도록 막는 데도 활용하고 있다.

홍채 패턴 인식기술은 대한민국의 원전에 채택된 디지털 기술의 극히 일부로써 비록 범인이 보조건물 출입시스템을 통과하였더라도 원전 주제어실에는 결코 접근하지 못했을 것이다. 비록 그들이 주제어실에 진입했다하더라도 완전 무인화된 밀집 경비시스템과 지능형 운전 시스템은 원전 파괴 기도를 사전에 제압했을 것이고 그들의 계획은 성공하지 못했을 것이 확실하다고 전문가들은 입을 모았다.

범인의 진술을 통해 신 알카에다 지도부의 행방이 밝혀지고, 다국적군은 이 테러집단의 본거지에 대한 대대적인 소탕작전에 나섰다.'

## 7. 에필로그

열사의 사막을 뒤흔들어 놓았던 신 알카에다 조직이 지구상에서 완전히 사라지고, 이 나라에는 다시 평화가 찾아왔다.

도시와 사막 유목민간의 오랜 협의 끝에, 이 나라 정부는 도시의 쿨 어반 프로그램과 상응하는 쿨 데저트(Cool Desert) 프로그램을 가동하기로 합의했다. 쿨 데저트 프로그램이란 원전에서 생산되는 폐열과 전기를 이용하여 사막에 담수를 공급하고 식물이 자라는 환경을 제공하는 도전적인 계획이다.

대한민국이 제안한 열전 담수화 방식이 채택되어, 원전의 터빈 증기를 냉각하기 위해 유입된 바닷물을 바로 담수로 바꾸어 사막에 공급하고, 원전에서 나오는 폐열을 규산염 모래 부산물과 반응시켜 사막에서 잘 자라는 식물의 퇴비를 생산하는 프로젝트가 한창 진행 중이다. 사막을 옥토로 바꾸는 사업은 바로 대한민국의 원전이 책임지고 있는 것이다.

2030년 12월 18일, 미국 타임지는 이례적으로 2030년 올해의 인물로 대한민국 원전을 선정하였다. 토머스 스테픈 대기자는 선정 이유를 밝힌 기사에서 '가장 안전하고 경제적인 원전임이 객관적으로 증명되었고, 세상을 움직이는 에너지의 원천이 되는 이 원전이야말로 월드 명품으로 불러도 손색이 없다. 2030년 현재 전 세계에서 대한민국의 뛰어난 원전기술에 대한 러브콜이 쇄도하고 있다. 올해가 대한민국 원전기술의 세계 완전정복의 첫해가 되었다.' 라고 보도하고 있다. "끝"

> 하나의 이야기를 군더더기 없이 가장 간결한 언어로 만들어내는 것은
> 에베레스트 산을 깎아 평지로 만드는 것만큼이나 힘이 든다.
> 너무 힘에 겨워 펑펑 운적도 있었다.
> 문장이 만들어지지 않으면 심장이 쪼그라질 듯이 아팠다.
> 얼마나 그런 경우가 많았던지!
>
> 망할 놈의 문장 같으니! – 이사크벨[94)]

## 글쓴이 정재천은 …

(한국전력 국제원자력대학원대학교 부교수)

카이스트 원자력 및 양자공학과에서 박사학위를 받았고, 한전을 시작으로 원자력연구원 팀장, 한전기술 기술분야 책임자를 거쳐 KINGS에서 학생들과 공부하고 있다. 원전 미래 기술 예측서인 '미래 원전기술'을 저술하였으며, 전력선 신호분석을 통한 회전기기 감시에 관한 책도 2권 저술하였다. 사람과 기술이 공존하는 원전 미래모습을 꿈꾸는 사람 중 하나다.

연락처 : jcjung@kings.ac.kr ; 052-712-7309

---

94) 불프 슈나이더, 위대한 패배자 중에서, 을유문화사

## 원전 미래전략 ; 빠른 추격자인가, 리더인가?

2013년 4월 10일 인쇄
2013년 4월 15일 발행

저 자 정재천
발 행 인 송기수
발 행 처 도서출판 GS인터비전
편 집 처 도서출판 GS인터비전
인 쇄 처 대일문예사
사 진 이윤영
등록번호 제313-2011-120호
I S B N 978-89-97231-65-2(93550)

주 소 서울 마포구 신수동 448-6
전 화 02-976-7898
팩 스 02-6468-7898
홈페이지 www.gsintervision.co.kr
E - Mail gsinter7@gmail.com

정가 18,000원